教育部哲学社会科学研究普及读物项目

The Agricultural Civilization of Ancient China

中国古代农业文明

贺耀敏 著

江苏人民出版社
江苏凤凰美术出版社

图书在版编目(CIP)数据

中国古代农业文明 / 贺耀敏著. —南京：
江苏人民出版社，2018.9

ISBN 978-7-214-21955-8

Ⅰ. ①中… Ⅱ. ①贺… Ⅲ. ①农业史-研究-中国-
古代 Ⅳ. ①S-092.2

中国版本图书馆 CIP 数据核字(2018)第 100868 号

书名	中国古代农业文明
著者	贺耀敏
责任编辑	卞清波
责任监制	王列丹
出版发行	江苏人民出版社 江苏凤凰美术出版社
出版社地址	南京市湖南路 1 号 A 楼，邮编：210009
出版社网址	http://www.jspph.com
照排	江苏凤凰制版有限公司
印刷	南京新洲印刷有限公司
开本	890 毫米×1 240 毫米 1/32
印张	6.5 插页 2
字数	130 千字
版次	2018 年 9 月第 1 版 2018 年 9 月第 1 次印刷
标准书号	ISBN 978-7-214-21955-8
定价	28.00 元

(江苏人民出版社图书凡印装错误可向承印厂调换)

总　序

纵观党的历史，我党始终高度重视实践基础上的理论创新，坚持用理论创新成果武装全党，教育人民，引领前进方向，凝聚奋斗力量。七十多年前，著名的马克思主义哲学家艾思奇撰写的通俗著作《大众哲学》，引领一代又一代有志之士选择了正确的人生道路，影响了中国几代读者。

党的十八大以来，习近平总书记把握时代发展新要求，顺应人民群众新期待，提出了一系列新思想、新观点、新论断、新要求，这些推进理论创新的最新成果用朴实、生动的语言，以讲故事、举事例、摆事实的方式与人民同频共振、凝聚共识，增强了人民群众对中国特色社会主义理论体系的认同感和知晓度，凸显了当代中国马克思主义大众化、群众性的基本特征，成为新时期理论创新大众化的新典范。

高等学校学科齐全、人才密集、研究实力雄厚，是推进马克思主义中国化时代化大众化、普及传播党的理论创新成果的重要阵地。汇聚高校智慧，发挥高校优势，大力开展优秀成果普及推广，切实增强哲学社会科学话语权，是高校繁荣发展哲学社会科学的光荣任务、重大使命。

2012 年，教育部启动实施了哲学社会科学研究普及读物项目。通过组织动员高校一流学者开展哲学社会科学优秀成果普及转化，撰写一批观点正确、品质高端、通俗易懂的科学理论和人文社科知识普及读物，积极推进马克思主义大众化，阐释宣传党的路线方针政策，推广普及哲学社会科学最新理论创新成果，让中国特色社会主义理论体系和党的路线方针政策，更好地为广大群众掌握和实践，转化为推进改革开放和现代化建设的强大精神力量。与一般意义的学术研究和科普类读物相比，教育部设立的普及读物更侧重对党最新理论的宣传阐释，更强调学术创新成果的转化普及，更凸显“大师写小书”的理念，努力产出一批弘扬中国道路、中国精神、中国力量的精品力作。

实现中华民族伟大复兴的中国梦必将伴随着哲学社会科学的繁荣兴盛。我们将以高度的使命感和责任感，坚持学术追求与社会责任相统一，坚持正确方向，紧跟时代步伐，顺应实践要求，不断加快高校哲学社会科学创新体系建设，为不断增强中国特色社会主义道路自信、理论自信、制度自信，推动社会主义文化大发展大繁荣作出更大贡献！

教育部社会科学司

2014 年 4 月 10 日

谨以这本小书献给我的母亲白淑萍。

目　录

绪论 农业——理解中国传统社会的钥匙

农业是人类社会最早从事的经济活动。我国是世界上农业发生和发展最早的地区之一，在这里诞生并发展起了驰名中外的麦作农业和稻作农业。我国的历史文化和历史传统更是在黄河流域、长江流域孕育并成长起来的，农业文化和农业文化传统是其核心内容。几千年来，传统农业在我国得到了异乎寻常的发展，成为我们先民最重要的经济活动领域；农业生产和生活日臻成熟，成为我们先民最重要的生产与生活方式；以农为本和以农立国升华为执政理念，成为历代王朝始终恪守的基本原则；建立在农耕生活基础上的中华传统优秀文化繁荣发展，给了中华民族强大的文化自信和自豪。正是这种基于单一而独特的农业发展上的中华优秀传统文化的高度发达，成为中华文明同世界其他文明相区别的重要标志。

推动中国传统农业经济高度发达的因素是多方面的。我们生长的这块土地为农业的发生和发展提供了得天独厚的自然环境和条件，我们的先民正是在这样的条件下和环境中选择了农业经济生活和农业生产活动并确信不疑；发达的传统农业为我国历史发展增添了一次又一次的繁荣盛世，从而有效地强化着人们对农业生产的热情追求和巨大期望；在漫长历史过程中形成的牢固的传统农业经济结构，最大限度地调动和利用了传统时代可资利用的各种资源，维系并推动着中国传统社会的延续和发展。在整个传统社会经济时代，传统农业及其文明所表现出的巨大优势是显而易见的，没有也不可能有任何一种经济活动能够代替传统农业的地位和作用。

中国传统农业的发展也是中国传统社会经济长期发展而没有中断的重要原因。特别是中华民族在长期的融合发展中越来越强大，没有出现世界其他一些民族文明衰落的历史景象，最重要的原因就是中国传统农业走过的是一条漫长的发展与扩展的历程。回顾两千多年中国传统农业的发展历程，我们可以清晰地看到中国传统社会中农业有过三次明显的扩张与发展过程，我们可以将其称为传统社会的农业化过程。

第一次传统社会的农业化过程主要发生在战国秦汉时期，主要特征是传统农业经济形态的确立，即以北方作物种植为主的旱作农业的形成和确立的过程，这一次农业扩张主要集中于黄河流域。早在商周时期，黄河流域的农业已经比较发达了，越来越多的农业剩余支撑了商周王朝的经济繁荣和国力强大。到了春秋战国时期，诸侯纷争，大国争霸，所依据的经济基础仍然是农业的发展。这一时期传统农业的形成既是自然历史发展的过程，也是人为加剧形成的过程。大国争霸的背后就是经济实力的竞争，这个争霸过程可以说是进行得相当精彩而残酷，几乎所有的争霸落实到经济制度和经济政策层面都是以强化农业的开发利用为特征。大国激烈的争霸触发的改革就是传统农业经营方式的扩张，而黄河流域丰厚的土地资源为这一次农业扩张提供了天然的舞台，这也是奠定了中华民族伟大文明的第一块基石。在这次农业化过程中，中国传统农业的基本面貌被确立下来了，传统农业技术、耕作方式和主要种植品种等都初步稳定，中国传统农业的制度体系也已初步形成。

第二次传统社会的农业化过程是以稻作农业为主的传统农业向长江流域的扩张。广袤的长江流域拥有传统农业发展优良的自然条件和广阔空间，只是由于人类改造自然的能力的限制而长期没有得到比较充分的开发利用，大约在隋唐以前我国的经济中心还集中在黄河流域，长江流域的稻作农业有一定的发展但是还不能支撑整个国家经济的运转。也正是南北朝时期长江流域的持续开发、大量北方人口的南迁和相对稳定的社会政治环境，为长江流域稻作农业的发展创造了前所未有的发展条件，终于迎来了隋唐时期长江流域稻作农业的空前发展。这一转变性扩张或者说扩张性转变在唐代中期已经显现出来，中国的经济中心已经开始不可逆地向长江流域转移了。稻作农业为中国传统农业向深度和广度的发展创造了前所未有的契机，稻作农业的快速发展也使得长江流域和长江以南地区逐渐成为中国经济最发达的地区。稻作农业为以往以麦作农业为主的中国传统农业提供了更加丰富、更加广阔的经济内容和发展活力，极大地丰富了传统农业的种植内容和种植技术，为传统农业在长江流域和长江以南地区的扩张创造了条件，尤为重要的是稻作农业以其高产高效和密集劳动的特点，吸纳和养育了大量的人口，促成了中国传统社会的又一次繁荣发展。

第三次传统社会的农业化过程是明清时期以高产农作物的引种、商业性农业的发展、农业种植业专业化区域的出现为特征的传统农业的深化。中国传统农业到了宋以后出现了发展的瓶颈，被一些学者称之为“内卷化”的倾向日益突出，传统农业能否出现较大的突破，这对于中国传统社会经济来说都是严峻的挑战。传统农业发展到明清时期出现了一次较大的突破，实现了传统农业明清时期较大的转变。其一是农业高产作物的引种，特别是明代中后期玉米、甘薯、马铃薯、花生和烟草的引种，极大地改变了传统农业种植结构，提高了农业生产效率；其二是商业性农业的发展，为市场交换进行生产要求更加标准化的生产，这推动了农业生产技术的提高，尤其是农产品品质的提升、农业经济作物种植的扩大和农业生产标准化程度的提高；其三是农业种植业专业化区域的出现，包括棉花、大豆、油菜籽、芝麻等经济作物专业化种植区域的出现，为传统农业的发展提供了更为广阔的发展空间。传统农业的这种转变成为维系和促进明清时期传统社会经济高度繁荣的基础，同时也推动着明清时期江南地区的早期工业化和早期城市化发展趋势，不同于隋唐时期的一批城市涌现出来，生活在这类城市中的人口越来越多，新的城乡关系正在形成。

正是这种波浪式的、依次递进的农业化给了中国传统农业源源不断的发展动力和空间，使中国传统农业在长期的发展演进中形成了独特的经济体系。这种传统农业经济体系的基本特征是：小农经济的生产运行体系、精耕细作的农业技术体系、宏大系统的农田水利体系、有效完备的制度法律体系、浓郁深厚的家族村社体系、源源不断的作物引种系统等。由这六个系统维护的传统农业经济体系的有效运转，确保了数千年来中国传统社会经济的延续和发展。

小农经济的生产运行体系是中国传统农业的微观基础。中国传统农业经营的典型形态就是一家一户的小农经济，汪洋大海般存在的个体小农构成了中国传统社会的坚实基础。小农经济是与血缘家庭紧密结合在一起的生产组织，小农经济的经营形式早在春秋战国时期就已经存在并逐渐成熟，在各诸侯国激烈的争雄称霸过程中，日益被作为迅速增强国家实力和战斗力的重要途径。小农经济在此后的发展中显示出了极强的生命力和发展能力，逐渐取代了其他各种农业经营方式而成为中国传统社会中最主要的农业经营形式之一。这种经营形式一直到今天仍然具有很强的存在价值。

精耕细作的农业技术体系是中国传统农业的技术基础。精耕细作的农业技术体系有这样几个特点：一是农业发展的物质投入主要是大量的劳动力投入，以此为特点的农业是典型的劳动密集型农业；二是农业发展的技术路线主要通过是精细化的农业种植技术、土地利用技术、地力恢复技术等来实现的。精耕细作的农业技术体系成为中国传统社会经济中解决人地矛盾的重要途径，传统农业的生产经营越来越成为吸纳大量劳动力的主要经济形态。这是造成中国传统社会人口数量增长迅速的主要原因之一。

宏大系统的农田水利体系是中国传统农业的物质保障。水是农业发展的基本保障，“南涝北旱”是中国农业生产的基本威胁。在中国北方广大地区,水资源短缺是农业生产的严重威胁,解决农田灌溉问题尤为迫切,历代人民长期修筑的大量农田水利设施确保了北方传统农业的发展。从一定意义上讲,北方麦作农业实际上就是灌溉农业,是黄河流域和中国北方广大地区主要的农业形态。中国南方的稻作农业同样离不开水的利用,化水害为水利是主要的工作内容。许多影响深远、闻名于世的古代水利工程,如芍陂、都江堰、漳河渠和郑国渠等就曾在历史上起过巨大的作用。

有效完备的制度法律体系是中国传统农业的制度保障。中国传统社会很早就有保护土地所有制、保护小农经济的制度和政策体系,更有一套行之有效的重农政策体系。在中国传统社会中,土地私有制是最基本的土地制度,大概从春秋战国时期开始,土地私有制就已经在一些诸侯国开始侵蚀原有的土地国有制,成为一种成长很快的土地占有形式。到了秦汉时期,土地私有制已经很普遍了,秦代"令黔首自实田"就是很清晰的土地私有制的政令,西汉时期董仲舒谴责"富者田连阡陌,贫者无立锥之地"也反映出这一时期土地兼并问题。为了确保农业生产正常进行和小农经济的基本生存,历代政府都采取了一系列的政策措施。在中国传统社会中形成了保护农业和重视农业的系统的政策措施。

浓郁深厚的家族村社体系是中国传统农业的社会基础。中国传统社会中的小农经济就是生活和生存于广袤的乡村,广大的乡村则是沉浸在浓厚的家族村社体系之中,血缘宗法关系、聚族而居形制和安土重迁传统是这个传统农业社会组织的重要特点。一个家族往往长久共同生活在一起,这就使基于血缘宗法关系的祖先崇拜、基于聚族而居特点的家族互助、基于安土重迁习惯的稳定姻亲等社会组织和关系显得十分重要。这种家族村社体系是中国传统社会的“软组织结构”，是维系传统社会经济特别是小农经济的重要社会保障体系，无论经历了多少社会政治军事震荡，这种体系都没有被彻底打破。

源源不断的作物引种系统是中国传统农业的活力来源。中国传统农业的种植结构和种植体系是一个开放的体系，各类作物引种始终存在，许多源于其他地方的农作物都因为人类的活动传播到中国，成为中国丰富农作物种植系统的组成部分。中国是水稻的原生地，水稻也是中国最主要的粮食作物。作为今天我们粮食结构主要组成部分的小麦、玉米、马铃薯等都是从世界其他地方引种的。如果没有这些农作物的引入和种植，中国传统农业的发展水平和发展程度不可能那样高。

高度发达的传统农业曾经给中国传统社会创造过许多“太平盛世”，撑起了传统社会经济的繁荣与发展。中国经济在传统时代取得了在世界上都堪称辉煌的成就，这与中国传统农业的发展分不开。根据麦迪森用购买力评价法（PPP）对世界上各国经济规模做的匡算，中国经济总量占世界经济总量的比重，公元元年为 26.2%，公元 1000 年为 22.7%，公元 1500 年为 25%，公元 1600 年为 29.2%，公元 1700 年为 22.3%，公元 1820 年更高达 32.9%，就是到了鸦片战争后的 1870 年仍为 17.2%。① 支撑中国传统社会经济总量的重要

① 安格斯·麦迪森：《世界经济千年史》，第 261 页，伍晓鹰、许宪春等译，北京大学出版社 2003 年。

方面就是传统农业的高度发达，只是由于工业革命和工业化的发展，改变了人类生产活动的内容、规模和效率，传统农业才开始成为历史缓慢发展的因素了。

但是，当我们还沉浸在“家家户户种田忙”农业经济生活的时候，西方世界已经响起了隆隆的机器声，工业文明和资本主义生产方式向整个传统时代发起了挑战，历史已经走到了机器工业时代。来自外部的冲击，使尚未达到自我否定程度的中国传统社会和传统农业陷入了空前的迷惘和困境之中。传统农业经济成为中国社会经济向近现代社会经济转变的滞后力量。改造传统农业，成为中国近现代社会经济无法回避的历史任务。

一、传统农业的诞生：人与自然的选择

农业是最古老的经济部门。它是利用生物机体的生命力，把自然界的物质和能量转化为人类最基本的生活资料和原料的生产部门。农业生产过程，实质上是动植物机体及其赖以生长发育的环境条件和人类社会生产劳动这样三方面因素相互作用的过程。在农业发生发展过程中，自然条件和自然环境起着十分重要的作用，也就是说一个地区自然禀赋的好坏，在很大程度上决定并制约着当地农业生产的发展水平和发展途径。而且，愈是在人类发展的早期，就愈是如此。

1. 农业发展的自然条件

农业是人类文明的第一块奠基石，没有农业的发展和进步，人类早期阶段的文明就不存在。人们可以把人类早期维持生存的活动分为采集业、狩猎业、种植业、捕鱼业等，只有农业为人类的生存和发展提供了更为广大、更为稳定的空间和可能。从事农业生产和经营活动，是人类经济活动的一次重要的选择。“公元前 8000 年，世界上只有一些狩猎者和采集者的小集团”，“在此后二千年内，出现了许多村落；在这之后的二千年间，出现了一些城镇；又过了二千年，城邦已经发展为帝国”。①

农业大致起源于1万年前。在世界若干地区，出现了农业和种植业。中国的先民最早成功培育了黍、粟和水稻，水稻发展起来并在中国出现了稻作种植；中亚、西亚的先民最早培育了小麦，并出现了麦作种植；在美洲、印第安人最早培育了玉米，并开始了玉米种植。中国广大黄河流域最早种植的是旱地作物——黍，大约到了公元前6000年改变为主要种植粟，小麦和黑麦大约是公元前2000年开始在中国北方种植，小麦种植到了汉代已经普及。中国传统农业则主要是建立在麦作农业和稻作农业基础上的。有人估计“就世界范围而言，在渔猎、采集阶段，每500公顷的土地，只能养活2人；刀耕火种的原始农业时期，同样每500公顷的土地能养活50人；连续种植的农业，可养活约1000人；而集约经营的现代农业，则猛增至5000人”②。

中国农业之所以能较早地发生并较快地发展起来，成为世界上重要的农业发源地之一，是因为中国为农业提供了优越的自然条件和环境。中国位于亚洲的东部，太平洋的西岸，大部分土地处在温带、暖温带和亚热带，这极易于人类的生存发展，也极易于农业经济的发生发展。毛泽东曾盛赞这片国土，“在这个广大的领土之上，有广大的肥田沃地，给我

---

① 参见杰弗里·巴勒克拉夫：《泰晤士世界历史地图集》第1章《早期人类的世界——从狩猎到农耕：农业的起源》，第38页，生活·读书·新知三联书店1985年。

② 董恺忱、范楚玉主编：《中国科学技术史：农学卷》，第ⅲ页，科学出版社2000年。

们以衣食之源;有纵横全国的大小山脉,给我们生长了广大的森林,贮藏了丰富的矿产;有很多的江河湖泽,给我们以舟楫和灌溉之利;有很长的海岸线,给我们以交通海外各民族的方便。从很早的古代起,我们中华民族的祖先就劳动、生息、繁殖在这块广大的土地之上”。①

土地是财富之母。土地是最基本的资源,是农业的基本生产资料,它以其特有的品格和所藏,为人类提供着住所,以及赖以生存的粮食和纤维品。黄河流域和长江流域广大富饶的土地,为我们的先民提供了优越的生存条件,尤其是黄河中下游流域的黄土地带。黄土是由西北方沙漠和戈壁地区吹来的尘土堆积而成,质地疏松,土性肥沃,便利于农业的发展;黄土具有的柱状节理和垂直节理,使之容易挖穴构屋,冬暖夏凉。黄河中游的黄土高原和下游的华北平原以及沿河的台地,为农业活动提供了广阔的耕地。《尚书·禹贡》以九州来划分天下,分别是冀、兖、青、徐、扬、荆、豫、梁、雍这九州,并把九州的优劣依据高下分为九个等级,认为雍州为上上,兖州为上中,青州为上下,豫州为中上,冀州为中中,而这五个州均处在黄河中下游流域。也就是说,在当时人看来,黄河流域是最适宜于人类生存生活和农业生产活动的区域。事实上,长江流域同样为农业的发展提供了优越的土地条件,丰富的水资源和众多的河流,使长江流域土地肥沃、气候湿热,极易于农作物的生长。浙江余姚河姆渡遗址的考古发

① 毛泽东:《中国革命和中国共产党》,《毛泽东选集》第二卷,第 621 页,人民出版社 1991 年第二版。

掘已证实，早在7000年前，长江流域一些地区就已开始种植水稻。而在稍晚一些时期的良渚文化遗址中，则发现了规模宏大的城池和覆盖辽阔的水利设施。

良好的气候条件是农业发生和发展又一个不可缺少的重要条件。农业气候条件是指一定区域内由气候形成的自然条件，它包括太阳辐射、日照时数、热量、水分和空气。农业生产就是充分有效地利用这些资源促进动植物成长发育的过程。中国由于所处地理位置和地形复杂，气候多样。一些主要山脉多成东—西、东—北—西南走向，把中国分割成东、西两部分。西部为内陆气候，属干旱和半干旱区；东部为季风气候，属湿润和半湿润区。东部地区大部处于温带、暖温带和亚热带，气候温暖潮湿，又多为平原、丘陵和低山，为农作物耕作提供了优越条件。北方地区受季风影响，冬夏温差很大，冬季寒冷干燥的气流从中国西北侵入，一直抵达长江流域一带，使北方黄河流域冬季寒冷干燥。不过北方旱地作物的种植已经有久远的历史了。

在历史上，中国的气候冷暖交替，几经变迁。中国学者竺可桢研究指出，在近5000年期间，仰韶文化时期到殷墟时代，是中国的温和气候时代，当时的西安和安阳地区有十分丰富的亚热带植物种类和动物种类。经历周代初期约两个世纪的寒冷变化后，春秋战国时期又一次变得温暖了。大量的物候资料有力地证明在仰韶文化至战国时代这样一个较长时期的气候要比现在温暖得多。二十四节气是根据战国时代所观测到的黄河流域的气候而定的，那时把霜降定在阳历10月24日，现在开封、洛阳秋天初露约在11月3—5日；

雨水节气,战国定在2月21日,现在这一带终霜期则在3月22日左右。现在这一带的生长季节明显比战国时代短。① 可见,在战国以前,黄河流域的气候比现在要温暖潮湿,极有利于农业的发生和发展。

江河湖泊既有利于人类的生存与发展,也会危害人类的生存与发展。如何认识和利用江河湖泊,趋利避害,始终是中国古代先民关注的焦点之一。也正因为如此,江河湖泊在古代往往直接影响着当时的政治制度、社会制度和经济制度,孕育与之相适应的社会文化习俗和观念。纵观人类社会,人类文明总是起始于大河大江之畔。在尼罗河流域、底格里斯河和幼发拉底河下游流域、印度河流域的哈拉帕和莫恒卓达罗周围地区、爱琴海地区都孕育成长起了最初的人类文明社会。这些地区适宜于灌溉耕作和定居生活的特征,使之成为发展种植业最好的地区。而这些农业发达地区几乎都建立起了农业帝国,把自己的文明辐射到邻近地区。

2. 农业发展的自然环境

中国的黄河流域和长江流域一直是最重要的经济中心和基本经济区,这里土地肥沃、灌溉便利、地势平缓、气候适宜,是中国历代政府的粮食生产基地和经济依托。也正因为如此,历代政府也建立起统一的中央集权体制。这种中央集权体制,不但有利于在分散的农业经营体制基础上建立集中

① 参见竺可桢:《中国近五千年来气候变迁的初步研究》,载《竺可桢文集》,科学出版社1979年。

统一领导和政治统治，还有利于中央政府协调和集中全国经济力量，加强对江河湖泊的管理和治理。马克思很早就注意到东方社会的这一特点，认为东方社会因为对河流的利用和治理，必然要求政府建立很强的负责公共工程的职能和部门。美国学者魏特夫更是把中国视为“治水社会”，认为这是东方专制主义的基础。[①] 对于魏特夫的观点，学术界存在着较大的分歧。不过透过中国许多古老的传说，我们能清楚地看到治水在古代政治生活中的重要性。例如，黄河被称为母亲河，它一方面给两岸的居民创造了生存的条件，另一方面也不断因为定期泛滥给人们带来洪水灾难。相传尧舜之时，洪水为患，鲧、禹父子接受尧、舜的指派开始治水，鲧治水所采取的办法主要“堵”，但是失败，后由其子禹继续治水，“劳身焦思，居外十三年，过家门，不敢入”[②]。大禹终于通过采用疏通和止塞相结合的办法，治理了河患。可见，产生于公元前 21 世纪的中国第一个王朝的第一个社会功能，就是组织人民治理黄河。因此，黄河、长江不仅孕育了中国的农业文明，而且也在一定程度上塑造了中国古代的社会制度。

中国独特的地形条件对中国农业文明的发生和发展也有很明显的影响。在中国的西南、西北和北方，巍峨的山脉和高原形成了天然的屏障；而在它的东方和东南，则由渤海、黄海、东海和南海所环抱阻隔。这种地势特点，自然而然地造成了一个近于封闭的文化环境，或者说文化地理圈，使我

---

① 参见【美】卡尔・A・魏特夫：《东方专制主义》，中国社会科学出版社1989 年。
②《史记・夏本纪》。

们的先民很少与外界交往，并且能够在较长的时间内保持自己文化鲜明的个性。这种较为封闭的地理环境和文化特征还通过以下几方面表现或折射出来，并进一步强化。首先，这种地理环境使中国农业经济得以较快的发展，并日趋走上单一农业发展的方向，各种影响或干扰农业经济生活的外来因素被降到了最低点；其次，这种地理环境也使中国古代农业经济开拓和发展，走了一条由西而东、从北向南的轨迹，而这恰恰是中国传统社会中三次农业化的演进历程；最后，这种地理和文化特征，也使中华民族从一开始就着重于融合与统一，大一统是这一相对封闭环境中的任何一个统治者的政治理想和施政方略。

中国发达的农业经济和农业文明就是在这样的自然条件和环境中成长起来的。大量的考古发掘说明，在7000多年前，黄河流域中游和长江流域下游的原始种植业已经开始趋向于不同类型的发展。黄河流域中游由于地势较低、气候温和、黄土疏松易耕，具有发展旱地农业的较为理想的条件，成为北方农业的发祥地；长江流域下游则由于雨水充裕、气候湿热，成为中国最早种植水稻的地区。

在中国北方农业生产区域还有一个历史现象需要我们关注到，那就是气候的冷暖交替也是中国传统农业经济时期农牧分界线南北游移、农业民族和游牧民族角逐的重要因素。从中国历史上的气候变化角度来看，中国北方传统农业和畜牧业长期存在着一种胶着状态。气候的周期性冷暖交替变化导致了北方传统农业与畜牧业的伸缩变化，周期性摇摆的农业和畜牧业分界线是许多中国传统经济起伏波动的诱因。大概年平均温度每下降1 ℃,北方草原将向南推延数百里,伴随着耕地变为草原,游牧民族就会向南发展;反之,年平均温度每上升1 ℃,则草原更适宜于耕种,农业民族就会向北扩展。几千年来,西北农牧分界线总是在长城内外胶着进退。① 到了明清时期,政府总想运用制度来稳定农牧分界线。明朝政府主要运用在北方驻扎强大的军队来确保整个控制版图内农业的稳定发展,的确起到了一定的作用。清朝政府则主要通过加强与其他少数民族的联合来实现农牧分界线持久的稳定。

3. 农业发展的社会条件

中国的先民很早就选择了农业生活,并藉以维持生存。大约距今一万年前后,原始的采集业就已开始向原始农业过渡。从目前的考古发现来看,黄河流域的新石器时代早期文化遗址,如河南新郑裴李岗、密县莪沟,以及河北武安磁山、西安半坡村遗址中,都曾有大量的石、骨制农具出土,包括斧、铲、镰、石磨盘、石磨棒等,在这些遗址中还发现有窖藏以及所贮藏的粮食。在浙江余姚河姆渡遗址中也发现有骨耜、木耜和稻谷、稻壳、稻秆,所发现的稻种经鉴定为籼稻,中国是水稻的原产地得到了考古资料的科学印证。到了新石器时代晚期,长江流域和黄河流域以及珠江流域部分地区的先民部落,都已经普遍地形成了以原始农业为主、兼营家畜饲

---

① 董恺忱、范楚玉主编:《中国科学技术史:农学卷》序,第v页,科学出版社2000年。

养和采集渔猎的综合经济。

在中国古老的历史传说中,也广泛记述了农业发生和发展的美好故事。如"神农氏作,断木为耜,揉木为耒,耒耜之利,以教天下"①;又如"古者,民茹草饮水,采树木之实,食螺蚌之肉,时多疾病毒伤之害。于是神农乃始教民播种五谷,相土地,宜燥湿肥墝高下,尝百草之滋味,水泉之甘苦,令民知所避就。当此之时,一日而遇七十毒"②;又如"神农之世,男耕而食,妇织而衣,刑政不用而治,甲兵不起而王"③。多么美好的神化传说!我们的先民总是把农业的发明权赋予那些早已神灵化了的祖先偶像。透过神化了的外衣,我们仍能体会到以种植业为主的农业发生的艰辛和久远。

到了夏商周时期,以种植业为主的农业已经成为最主要的生产部门。黄河流域大部分地区和长江流域一些地区农业耕作区域日益扩大,游牧业以及其他非农耕经济活动被进一步挤向北部、西北部等边陲地区和山区,广大农业区域的家畜饲养业则越来越下降成为农耕经济的附庸和补充。特别是在西周时期,农业的地位被空前加强。周人的祖先即是曾做过虞舜时期农官的弃,因善于农耕,后被尊为农神。周人是长期居于黄土高原、以经营农业为主的部落。当周王朝建立后,农业也随之成为社会经济的决定性生产部门。在《诗经》中有许多记述当时农事的诗篇和章句,如《周颂》中仅记述与农事有关的诗就有六篇,《尚书·周书》里也几乎篇篇

---

①《易·系辞下传》。
②《淮南子·修务训》。
③《商君书·画策》。

都有关于农业的文字记录。此外，我们还能够从关于井田制的纷繁记述中看出当时黄河流域旱地农田区划、水利灌溉的景象。

中国古老农业的种植结构、耕作形式、交换形式和经营方式也决定了中国农村的家庭结构、社会关系、村落形制、地域分布和空间结构，使中国社会在许多方面都表现出与其他国家和地区很不相同的发展特点。例如，美国学者施坚雅[①]将地理空间结构和集市市场体系引入中国历史研究之中，揭示了中国村落布局的所谓“正六边形”现象，这一理论假设的意义在于揭示了传统农业经济中村落形制和布局的特点。实际上，中国传统农业经济中村落性质和布局还深受农业耕作形式与耕作能力的影响和制约。在传统农业经济形成早期，小农经济分布比较分散，户与户之间的距离也比后来要疏松，这才有了井田制的种种美好记忆和传说，实际上它本身就是小农聚居的一种村落形制。到了传统农业经济发展的中后期，随着人口的增多、土地的稀缺，小农经济日益走向精耕细作，人们居住的空间距离缩小，形成了更加紧密的村落形制。村落的出现和密度的加强从一定意义上讲是传统文化成长的广阔基础。

正是由于农业经济地位的空前提高，所以政府的经济政策和经济思想也表现出明显的重农倾向。早在西周时期，政府为了推动农业生产活动，形成并制定有一整套“籍田”礼

---

① 施坚雅(G. William Skinner 1925—2008 年)，美国汉学家。著有《中国农村的市场和社会结构》、《中华帝国晚期的城市》等。

仪。《诗经·载芟》序有“春籍田而祈社稷也”的记载，《载芟》一诗记述了各级官员和农人在春日的大田里劳作的景象，实际上反映的就是周天子“籍田”的场景。《通典·礼六》记述曰：“天子孟春之月，乃择元辰，亲载耒耜，置之车佑，帅公卿诸侯大夫，躬耕籍田千亩于南郊。冕而朱紘，躬秉耒，天子三推，以事天地山川社稷先古。”就是在孟春正月，周天子率领诸侯大臣亲自耕田，完成这种典礼，然后全国再开始大规模的春耕生产。这种“籍田”的仪式性意义很强，表示政府重视农业生产活动。史册上记载，到了西周末年，周宣王竟改成规，“不籍千亩”，遭到虢文公的激烈反对。虢文公苦口婆心地劝周宣王说：“夫民之大事在农，上帝之粢盛于是乎出，民之蕃庶于是乎生，事之供给于是乎在，和协辑睦于是乎兴，财用蕃殖于是乎始，敦庬纯固于是乎成，是故稷为大官。”因此“王事唯农是务，无有求利于其官以干农功。三时务农而一时讲武，故征则有威，守则有财。若是，乃能媚于神而和于民矣，则享祀时至而布施优裕也”①。这种鲜明的重农经济思想是西周社会经济思想的基本特征和基本价值取向。

随着农业的发展，农业文明在中国开始了它辉煌的发展历程。从原始的刀耕火种，到锄耕农业，再到犁耕农业，我们的先民在漫长的岁月中一步一步地推动着农业向纵深发展。到了战国秦汉时期，农业生产和农业经济在中国的社会生产和社会经济中，已经占据了绝对的统治地位，农业文明得到了充分的发展，种植业和植物界成为中国人民最主要的衣食

---

①《国语·周语》。

之源。在这一点上，表现出与欧洲农业发展的巨大差别。

春秋以降，中国社会进入了一个大变革时期，农业生产的发展也进入一个新的阶段。尤其是到了战国秦汉时期，随着小麦种植的日益普遍、铁器农具的广泛使用、牛耕的逐渐推广，农业社会生产力有了很大提高。加之社会政治和经济等方面的剧烈变革，也强化着农业的地位和作用。秦汉之后的中国社会，就是建立在这种传统农业经济基础之上的。虽是王朝更迭、百代兴亡，但这种传统农业经济结构和地位却日趋牢固。

4. 自然环境与经济生活的相互影响

人们无法随意地选择自己的生存环境和生存空间。正是人们在不能选择的时空世界中进行着的一次次选择，构成了自己活动的历史。马克思说过："人们自己创造自己的历史，但是他们并不是随心所欲地创造，并不是在他们自己选定的条件下创造，而是在直接碰到的、既定的、从过去承继下来的条件下创造。"①中国古代农业经济活动，就是我们先民在中国得天独厚的自然环境中所做的选择。

正因为如此，自然环境和条件对经济生活的影响是不能低估的，特别是对农业经济生活的影响更是多方面的。

(1) 对农业生产结构和生产类型的影响

由于不同的耕地、草场和林地构成，势必影响并导致不同的种植业、畜牧业和林业构成；而水热资源的充裕与否，又

---

①《马克思恩格斯选集》第1卷第603页。

决定着是发展灌溉农业抑或是发展旱作农业。中国黄河流域和长江流域农业的发生与发展，就是由于那里有大量的河谷和冲击扇，土地肥沃，易于垦殖，极利于农业种植业的发展。南方灌溉农业和北方旱作农业的分殊，则是由于南北方水资源的差别，它导致在黄土高原较早地形成旱作农业，在长江中下游形成灌溉农业，而在北方的大草原上，孕育并发展了游牧民族和畜牧业。西北地区、北部地区所体现出的农牧分界线，除了人为因素外，更主要地还是由于自然环境所决定的。

（2）对农作制度和耕作制度的影响

农作制是指种植农作物的土地利用方式和技术措施。不同的自然环境和条件，要求有不同的土地利用方式和技术措施。如在气候温暖、无霜期长的地区，可以实行一年多熟制；在气候寒冷、无霜期短的地区，则只能实行一年一熟制。中国农业自然条件比较复杂，我们的先民很早就在那些生长季较长、水肥条件较好、人多地少的地区实行集约的复种制，提高农产品产量和土地利用率，较早形成了精耕细作的农业生产经营方式。据记载，早在战国时期，中国黄河流域就已出现了收粟后种麦或收麦后种粟种豆的复种轮作制。而以复种轮作为特点的多熟种植技术，则在宋代长江以南地区得以推广和普及。在广大江南地区，普遍实行一年两熟制，而在岭南地区，更有一年三熟制。如此高的土地利用率，在世界上也是堪称一绝的。

（3）对农业再生产和劳动生产率的影响

在传统社会中，农业的扩大再生产主要集中于农业生产资料的扩大和增加上。其一是依赖土地供应增加，在可开垦荒地较多的情况下，往往通过开垦荒地来增加生产，扩大农业经济的收益；其二是依赖提高单位产量的增加，在少地和无地可垦的情况下，更多地采用提高单位面积产量的方式来扩大再生产。同样，在土地肥沃、气候湿热、灾害较少的环境中从事农业生产，其生产率则高；而在土地贫瘠、气候寒冷、灾害较多的环境中从事农业生产，其生产率则低。中国传统农业经济在不同地区、不同时期发展所表现出的特点，尤能说明这种密切关系。

（4）对农业生产方式和发展道路的影响

中国的自然地理环境将古代中国与世界其他民族和国家阻断开来，成为中国与其他国家和地区经济文化交往的天然屏障。在交通工具比较落后的时期，翻越崇山峻岭、跨越汹涌波涛，开展经济文化交流，都是比较困难的事情。这一方面确保了中国传统农业在一个相对稳定的环境中取得超常的独立发展，另一方面也使之失去了许多与其他地区开展经济文化交流的机会。这种相对封闭的经济体系最终也扼制了中国经济成分和经济部门的发展。

在整个人类文明的早期，农业生产活动集中反映着那个时代的经济活动和人们的喜怒哀乐。在大约生活在公元前15世纪晚期埃及的一位叫美纳的书记官的墓室发现过一幅壁画，壁画用三层多幅画面记录了当时农业丰收的场景。第一层描绘了人们用镰刀收割麦子，然后麦子被装进篮子里运走；在海枣树下，人们用耙子耙麦子脱壳。第二层描绘了人们赶着牛去碾压麦子，使麦粒与麦壳分离，并将麦子扬起，借助风吹走麦壳；然后人们将麦子送到美纳面前，交给他，并由他的助手登记数量。第三层描绘了人们用绳子丈量土地，以此作为纳税的依据；完成了纳税的人排成一行，而没有完成纳税的人被鞭打；最后粮食被打包、装船、运走。[①] 这是用绘画的语言生动地描写了当时埃及农业生产的场景。在中国古代更有用诗的语言描写的耕作与收获的场景，《诗经·载芟》篇就是记述了当时农人们的集体劳动场景和丰收后的愿望："载芟在柞，其耕泽泽。千耦其耘，徂隰徂畛。侯主侯伯，侯亚侯旅，侯彊侯以。有嗿其馌，思媚其妇，有依其士。有略其耜，俶载南亩，播厥百谷。实函斯活，驿驿其达。有厌其杰，厌厌其苗，绵绵其麃。载获济济，有实其积，万亿及秭。为酒为醴，烝畀祖妣，不洽百礼。有飶其香，邦家之光。有椒其馨，胡考之宁。匪且有且，匪今斯今，振古如兹。"

因此，在研究中国传统农业时，绝不能低估或无视它所依存的自然地理环境和条件对它所产生的巨大影响。从某种意义上讲，不了解中国得天独厚的农业发展环境，就不可能真正理解中国农业文明和农业发展道路的特征。

① 参见【美】丹尼斯·舍曼等著：《世界文明史》，第 17—18 页，中国人民大学出版社 2012 年

二、传统农业经济的特征与优势

中国农业在经历了漫长的原始农业发展阶段之后，逐步向更高的农业经济形态——传统农业经济阶段转化。这一转化可上溯到春秋时期，到战国秦汉时期传统农业经济形成并确立。此后2000多年来，传统农业一直是中国社会经济的基石。没有发达的传统农业经济，就不会有中国历史上的汉唐盛世、古老文明。中国传统社会的一切文明成就，都是在这种传统农业经济基础上取得的。高度发达的传统农业支撑和推动了中国的社会发展。不了解中国传统农业，就不可能理解中国传统社会。

1. 传统农业的特征

传统农业是世界上许多国家和地区农业发展的一个必经阶段。工业化之前的欧洲农业、19世纪以前的亚洲农业以及其他一些地区的农业都基本上处在传统农业阶段。与原始农业相比，传统农业的一般特点可概括为：

(1) 农业生产工具明显改进

原始农业的生产工具主要是木石复合工具，生产工具的简陋使原始农业无法大规模扩展开来。传统农业时期较为先进的铁木复合农具代替了木石复合的原始农具，农具的种类也因农业生产活动的多样化而大大增多。在中国传统农业生产活动中，相继发明和推广了铁犁、耧车、风车、水车、石磨等农业耕作、水利灌溉和农业加工方面的新型生产工具。尤其是铁器等金属工具的广泛使用，极大地提高了农业生产力，改变了传统农业的发展水平和发展面貌。

(2) 农业动力资源充分开发

在原始农业时期，人是农业生产活动的主要动力，《诗经》中记述的"耦耕"大概就是一种原始农业的劳动形式，所谓"千耦其耘""十千维耦"；春秋时期子产讲到郑国先民在建立国家之初，"庸次比耦，以艾杀此地"①，也是一种原始农业的开垦方式。传统农业则除了农业生产者以外，人们广泛地使用畜力和其他自然力从事农业生产活动。牛、马等大牲畜日益成为农业活动的重要动力，为农业向更广更深层次的发展创造了条件，过去难以利用的土地被开垦出来，并通过深耕细耨等耕作方式得到了改良。同时，水力、风力等自然力也被开发利用，为人类的生存与发展服务。

(3) 农业知识与技术体系日益完善

原始农业的技术体系十分简陋，随着人类农业经济活动的深入，传统农业系统的技术体系也日益完善。例如，选择作物和畜禽良种、农业耕作和田间管理、积制农家肥料与农田施肥、农业灌溉系统与兴修水利、防治农作物病虫害、采用较先进的畜禽饲养技术等都日趋完善。在中国传统农业经

① 《左传・昭公十六年》。

济中,形成了一整套农业知识体系和农业技术体系,这是世界上传统经济时代最为发达的知识与技术体系。农业是传统社会中技术创新最多、技术装备最好的经济部门之一。

(4) 农业经营组织日益小型化趋势

随着社会经济的发展,在农业经济领域中古老的集体劳动,在世界许多地方都被陆续放弃。代之而起的,在欧洲是在此基础上形成了庄园—农奴式的经营方式,在中国则在此基础上形成了个体小农式的经营方式,农业经营组织有向日益小型化发展的趋势。中国这种农业小规模经营是当时经济技术条件下的最佳选择,这种农业经营组织和经营形式很好地利用了家庭血亲关系,对于合理安排并组织生产、调动家庭劳动者的生产热情,具有天然的优势。

农业是古代社会中对文明发展最具决定性意义的经济活动。我们考察世界任何一个地方的文明发展,都会发现农业比较发展的地区就是文明最早产生的地区,而农业的任何一次变革,无论是农业生产力还是农业生产关系的变化,都会对文明发展产生巨大的影响。仅以铁制农具和大牲畜的使用以及耕作制变化来考察,许多国家和地区在很早以前就已开始使用金属工具,特别是较为先进的犁和农田轮作制了。在幼发拉底河和底格里斯河一带,公元前 2000 年左右就开始使用牛挽犁耕作,公元前 10 世纪左右,铁犁、铁锄已经很普遍。在古代埃及,公元前 21 世纪前后发明了犁,公元前 15 世纪左右出现轮作制,公元前 6—前 5 世纪逐渐普及了铁制农具。在古代印度,公元前 4—前 3 世纪,铁制农具已经普遍使用,并开始实行轮作制和农田施肥。在爱琴海地区和意大利半岛,公元前8世纪前后便进入铁制农具普遍使用时期。在以上这些地区,较为发达的农业是促进并支撑这些地区出现古老文明和文明成果的根本原因。

中国农业的产生不是世界上最早的,在较早的时期农业的发展水平也不是世界上最突出的。但是,中国传统农业的产生和发展却是超常的。也就是说,传统农业经济在中国得到了异乎寻常的发展,已经有了两千多年的积淀历史和发展历程了。纵观世界,中国的传统农业经济发展得如此充分,历经这样漫长的过程而没有中断和衰亡,的确是绝无仅有的。

2. 中国传统农业的确立

中国传统农业经济在春秋后期开始取代原始农业,在战国秦汉时代最终确立起来。

春秋战国是中国历史上社会经济剧烈变革的时期,来自于经济的力量和非经济的力量加剧并推动着这一时期的社会转型。旧的根基于夏商周三代的宗法组织、宗法制度受到了严峻的挑战,宗法社会关系、宗法社会结构也受到了猛烈的冲击。原有的基于宗法的有序社会状态被打破了,原有的宗法等级序列也被超越了。经过春秋时期齐、宋、晋、秦、楚五霸相争,战国时期齐、楚、燕、韩、赵、魏、秦七雄并立,整个社会都呈现出一种“礼崩乐坏”的局面。历史家司马迁描述这种状态:“自是以后,天下争于战国,贵诈力而贱仁义,先富有而后推让。故庶人之富者或累巨万,而贫者或不厌糟糠;

有国强者或并群小以臣诸侯，而弱国或绝祀而灭世。”①中国历史上重大的社会转型就是在这种“礼崩乐坏”的变动中实现的。

在这种剧烈的社会变革中，新的更适合于社会生产力发展的社会经济组织和社会经济制度也在悄悄地形成。也就是说，战国秦汉的发展，所呈现的恰恰也是从原有的无序到新的有序的演变，在旧的有序被破坏的无序中，一种新的有序社会状态、一个新的社会序列正在形成。而这一新的社会经济组织和社会经济制度确立的突出标志，就是以个体小农的小规模经营，以精耕细作和劳动力大量投入为特点的中国传统农业经济结构的形成和确立。

在战国秦汉时期，导致并促使传统农业经济结构形成并确立的因素是多重的，其中最重要的因素有以下几方面。

(1) 社会生产力提供了物质技术条件

战国秦汉时期社会生产力显著提高，集中体现为农业生产工具、农业动力结构和农业技术体系的改进，这就为农业向更广阔的地域拓展和农业向精耕细作式的小规模经营转化提供了必要物质技术条件。

农业生产工具的变革突出表现为铁制农具的大量使用。在中国，铁制农具最早出现于春秋时期②，战国秦汉时期已普遍应用于农业生产之中。据考古发掘证实，战国时期冶铁业已相当发达，铁制农具已相当完备，目前发现的铁制农具

---

①《史记·平准书》。

② 参见陈振中：《关于我国开始使用铁器及进入铁器时代的问题》，载《中国社会经济史论丛》第二辑，山西人民出版社。

有镢、镰、臿、锄、铲、耙、犁、钁、锛等。当时有“美金以铸剑戟，试诸狗马；恶金以铸鉏夷斤劚，试诸壤土”①的说法，所谓“恶金”就是指的铁。对于当时的农业生产者来讲，铁制农具是从事农业生产活动必不可少的装备，所谓“耕者必有一耒一耜一铫，若其事立”②。到了西汉时期，铁制农具在农业生产中的地位就更加重要了，在《盐铁论》中有“铁器者，农夫之死生”的记载。铁器的广泛使用，使农业生产活动发生重大变化，大量过去通过木石工具无法开垦利用的土地被开辟为农田，农业的种植面积得到了空前的扩大，农业耕种活动也变得越来越便捷省力，农业精耕细作耕作方式开始向纵深发展。

农业动力结构的变革表现为犁的发明和牛耕的使用与推广。犁的发明在中国农具发展史上具有划时代的意义，它预示着一场深刻的农业革命。从河南辉县出土的战国犁来看，它呈现 V 字形，还没有设计犁壁，这种铁犁主要用于破土划沟。西汉关中地区的犁已相当先进，有铧有壁，既有单壁的，也有双壁的，这种犁具备了翻土、灭茬、开沟、作垄等多种功能。铁犁的广泛使用和改进，极大地提高了农业耕作效率和耕作水平。利用大牲畜作为人类经济活动的动力资源，是人类在利用和改造自然过程中的重大进步，它加强了人的活动能力并使之得以扩展和延伸。特别是在农业生产领域，牛耕的使用具有标志性的意义，牛耕在战国时期已相当普遍

---

①《国语·齐语》。

②《管子·海王》。

地开始使用，到了秦汉时代更成为农业生产不可缺少的动力。由于大牲畜在农业生产中作用提高，故而保护耕牛也日益重要。商鞅在秦国制定的法规规定，对于盗窃牛马等大牲畜的人要严加治罪，“盗马者死，盗牛者加”；在睡虎地秦墓竹简中也发现有记述着许多对盗牛者进行严厉惩罚的条款。牛耕和犁的使用，为中国传统农业奠定了基本的物质技术基础，在2000多年中，这种技术基础都没有发生根本性改变。

农业技术体系的变革表现为农田水利灌溉事业的勃兴和精耕细作农业技术的形成。农业是需要大量水资源的产业，农业越是不发达，对于水资源的需求越是巨大。黄河流域干燥缺水，降雨集中在7—9月间，这种降雨分布过于集中的气候对于农业春作物生长很不利，只有解决好灌溉问题才能确保黄河流域农业的正常发展。战国时期地处黄河流域的各国都大兴水利，“修堤梁、通沟浍、行水潦、安水臧，以时决塞。岁虽凶败水旱，使民有所耘艾”①。在《管子》一书中也记有“善为国者，必先除其五害”②。“五害”就是水灾、旱灾、风雾雹霜灾、厉灾（瘟疫）和虫灾。在当时，化水害为水利，引水溉田，与水争地，有效地改变了北方农业生产面貌，为农业向更深更广发展创造了条件。秦汉时期中央和地方政府的重要职责之一，就是兴修农田水利事业，大规模的水利事业带来了中国农业的第一次繁荣时期。例如，秦国大规模兴修郑国渠，建成后“用注填淤之水，溉泽卤之地四万余

---

①《荀子·王制》。
②《管子·度地》。

顷,收皆亩一钟。于是关中为沃野,无凶年,秦以富强,卒并诸侯"①。西汉兴修白渠之后,百姓歌道:"田于何所,池阳谷口,郑国在前,白渠后。举臿为云,决渠为雨。泾水一石,其泥数斗,且溉且粪,长我禾黍。衣食京师,亿万之口。"②与此同时,利用地下水灌溉的水井在干旱地区也广泛出现,《吕氏春秋》中记载了宋国发生的这样一个故事:"宋之丁氏家无井,而出溉汲,常一人居外。及其家穿井,告人曰:'吾穿井得一人。'有闻而传之者曰:'丁氏穿井得一人。'国人道之,闻之于宋君。宋君令人问之于丁氏。丁氏对曰:'得一人之使,非得一人于井中也。'"③可见,在当时穿一口井溉田如同多获得了一个劳动力。农业的发展也带动了农业技术的提高,粪田技术和精耕细作技术逐渐形成。通过施肥来恢复和增加土壤肥力,以及采用日趋精细化的耕作技术包括深耕、熟耰、易耨等环节,为传统农业连续高效地使用土地,保持土地产出不断增加,开辟了一条成功的途径。最晚到西汉时期,中国北方以精耕细作为特征的旱作技术体系基本形成。

(2) 社会政治改革加速经济结构确立

春秋战国时期的各国社会政治改革,强有力地塑造着小农经济的形成并推动着传统农业经济结构的确立。这一时期各国政治改革的主要目的之一就是富国强兵,希望在新的多国政治角逐中居于有利地位。富国强兵最有效的途径就是加强并发展以个体小农为特征的传统农业经济。

---

①《史记・河渠书》。
②《汉书・沟洫志》。
③《吕氏春秋・慎行》。

社会政治改革不论是主动的还是被动的，不仅挽救了当时普遍而深刻的社会政治与经济危机，而且也有效地选择了未来发展的方向，塑造了新的社会经济结构的雏形。由于时代的急剧变化，各国的改革此起彼伏、相互效法，成为一种强烈的社会政治风尚。危机提供着机会，动荡加速了选择。管仲在齐国的改革、子产在郑国的改革、吴起在楚国的改革、李悝在魏国的改革、商鞅在秦国的改革，都不约而同地强化着传统农业经济的选择方向，促进着传统农业经济结构的形成和确立。所谓“万乘之国，兵不可以无主，地博大，野不可以无夫，野无夫，则无积蓄”。其实军事和农业的关系就是强兵和富国的关系。

富国是进行政治改革的经济目标，强兵是进行政治改革的军事目标，而富国强兵本身又是各国追求的政治目标。李悝（公元前455—前395年）在魏国进行社会政治改革成功的重要因素，就是他紧紧抓住对农业的改革。他在魏国实行“尽地力之教”，即充分合理地利用土地，发挥农民的劳动积极性，解决人多地少的矛盾，提高农业生产效率。要达到这样的目的，只有大力发展小农经济，保持并维护小农经济的再生产。同时加强政府对农业生产的干预，通过改善政府平籴措施和赋税政策，使小农经济抗御自然灾害和维持再生产的能力提高。李悝改革“行之魏国，国以富强”①。

秦孝公梦想通过推行政治改革来改变秦国落后的面貌，商鞅（约公元前395—前338年）借此机会为秦国改革献计献

①《汉书·食货志》。

策。为了试探秦孝公的改革决心，他为秦孝公讲“王道”和“帝道”，秦孝公不以为然，这让商鞅受到了冷遇。他抓住机会转而为秦孝公讲“霸道”，则让孝公精神为之一振，大加赞赏。商鞅从此得到重用，开始在秦国变法改革。这一事实本身很能反映当时各国统治者的一般心态和政治愿望。讲富国强兵的“霸道”就是当时的一种合理的生存选择。古人早就明确地揭示了这样的历史逻辑：“民事农则田垦，田垦则粟多，粟多则国富，国富则兵强，兵强则战胜，战胜则地广。”①农业经济攸关国计民生、国家存亡，农业生活被赋予了一种超乎经济之外的政治意义。

战国各国中变法最为彻底、所遇阻力较小而成效较大的要数秦国的商鞅变法。商鞅变法的指导思想就是“治世不一道，便国不法古。汤武之王也，不循古而兴，殷夏之灭也，不易礼而亡。然则反古者未必可非，循礼者未足多是也”②。他主张“当时而立法，因时而制礼”③。商鞅变法的核心内容之一，就是要在秦国建立以小农经济为基础的传统农业经济结构。公元前359年，在秦孝公的支持下，他在秦国推行《垦草令》作为变法的序幕。公元前356年开始较为彻底的变法改革，他把培植小农经济作为发展农业生产的前提，首先“为田开阡陌封疆”，把过去旧的土地制度废除，使土地经营者和农业生产者与土地结合起来，由他们专心致力于农业生产

①《管子·治国》。

②《商君书·更法》。

③《史记·商君列传》。

"以静生民之业而一其俗，劝民耕农利土，一室无二事"①。为了促进并确保小规模土地经营，政府明令解散大家庭，"民有二男以上不分异者，倍其赋"，并"令民父子、兄弟同室内息者为禁"。而最极端的做法就是他的"农战"政策，把农业生产和英勇作战紧密结合起来，为了奖励农业生产和勇敢作战，规定凡"僇力本业耕织，致粟帛多者复其身"，即免除其徭役负担；凡积极参军、勇猛作战者，则"各以率受上爵"。重视农业和战争，势必抑制并限制各种非农战的经济社会活动，对"事末利及怠而贫者，举以为收孥"②。与此同时，广泛招徕三晋无地少地的农民到秦国开荒垦田，政府给予经济扶持并免其三代徭役。

小农经济焕发出的巨大生产能力是秦国得以统一中国的深刻经济根源。应该说，中国农业发展到战国时代，无论是在生产组织方面，还是在经营方式上都寻找到了突破口，这便是小农经济所表现出的在经济上的巨大优越性。秦汉时代，小农经济已是汪洋大海了。传统农业经济结构已经形成并确立。

(3) 连绵战争的剧烈催化作用

连绵数百年的大小战争，对传统农业经济的形成和确立也起了强有力的催化作用。战争是政治和经济的继续，是一种激烈的政治和经济力量对峙与冲突的表现形式，战争总是体现着一定政治关系和经济关系的要求。

---

①《史记·蔡泽列传》。
②《史记·商君列传》。

战国秦汉时期频繁的战争成为震撼和动摇旧的政治格局、经济关系的强有力的冲击波，催化和促进着新的政治格局、经济关系的形成和确立，特别是传统农业经济结构的形成。第一，这一时期战争的目的基本上都是为了争城略地、抢夺人口。土地和人口是进行农业生产的最重要的两个因素，也是各国统治者争霸角逐中最关心的事情。“诸侯之宝三：土地、人民、政事”[①]。争夺土地和人口，就是争夺势力范围。第二，战争使社会政治格局和经济格局发生了巨大的变化，社会各阶层的地位也出现了空前的大调整。旧的等级制度在频繁的战争中日渐摧毁，旧的经济格局也在剧烈的争霸中被超越。战争瓦解了夏商周时期的土地公有制和残存的农村公社组织，使大量的村社成员摆脱旧的经济组织的牢固束缚，得到人身自由。第三，战争使土地占有普遍化，许多人因立军功得到了数量可观的土地，为他们选择新的经营形式提供了可能。这种重新分配土地资源的做法，直接目的虽然是为了鼓励作战英勇无畏，但它却为土地私有化创造了契机。《管子》中曾讲：“良田不在战士，三年而兵弱。”[②]在这样一个历史关头，战争就是一种“腐蚀剂”，瓦解着旧的社会秩序；战争又是一种“催化剂”，加速了新的社会关系的壮大。

正是在以上诸因素的综合作用下，传统农业经济结构形成和确立的前提条件日渐成熟。

条件之一是土地私有制普遍确立。春秋以前，占主导地

---

①《孟子·尽心上》。

②《管子·八观》。

位的是“普天之下，莫非王土”和“田里不鬻”的土地国有制原则，占有土地是宗法贵族的特权。战国秦汉时期，随着土地使用价值的提高，土地成为一种有利可图的财富形式，社会各阶层都通过各种途径追求获得和占有土地。政府也利用土地作为奖赏，奖励那些有军功的将士，培植了一批新的社会权贵。这都使得土地私有制广泛发展起来，土地买卖也随之产生并日渐频繁。西汉董仲舒就讲：秦“用商鞅之法，改帝王之制，除井田，民得买卖，富者田连仟佰，贫者无立锥之地……或耕豪民之田，见税什伍”①。土地私有制一旦确立，传统农业经济结构便有了存在的坚实基础。

条件之二是个体家庭组织的普遍独立存在。个体家庭组织的独立存在，只是在旧的农村公社解体和人身束缚松弛后才出现的。战国秦汉时期最突出的社会阶层变动，便是大量的自耕农家庭产生。历史文献中大量记载的“五亩宅、百亩田”的小农，就是这种个体家庭农业经济组织。他们或通过提供赋税、徭役与政府发生经济联系，或通过租佃土地、提供地租与地主发生经济联系。在经济不发达的古代，这种个体家庭经济组织是减小贫困威胁、维持基本生存的最有效组织形式之一。诚如孟子所讲“五亩之宅，树之以桑，五十者可以衣帛矣。鸡豚狗彘之畜无失其时，七十者可以食肉矣。百亩之田，勿夺其时，数口之家，可以无饥矣”②。可见，个体家庭组织的独立存在，为传统农业经济提供了最佳的经济组织

①《汉书·食货志》。
②《孟子·梁惠王上》。

形式和管理形式。家庭组织在从旧的宗法组织和农村公社中挣脱出来后，又被赋予了一种新的经济意义和经济职能。

在土地私有制和个体家庭组织普遍存在的情况下，中国传统农业终于寻找到了一种可以普遍存在并广泛发展的方式，这就是精耕细作的农业、土地能够转让和流动的土地私有制、个体家庭劳动组织形式紧密结合的传统农业结构。大约在秦和西汉时期，这种农业经济结构最终形成并确立起来。

3. 辉煌的农业文明

中国传统农业经济结构形成和确立之后，即开始了其漫长而辉煌的发展历程。它开辟了中国传统农业向纵深发展的途径，越来越走向以种植业为主的单一农业发展道路；它将广阔的非农业区域融合为农业经济区域，为传统农业扩张创造了广阔的地域空间；它以精耕细作的农业生产和小农经济的农业经营，养育了数量众多的人口，构筑了东方农业大国的基石；它涵养了举世少有的农业文化和农业文明，支撑了高度发达的文明价值体系的运行。可以说，如果没有传统农业的高度发展，没有传统农业所取得的辉煌成就，古老的中国文明也不会如此发达。

中国传统农业能够在漫长的历史中迅速发展，根本因素在于传统农业文化所表现的巨大优势。D. 卡普兰在研究人类文明发展史时指出，有一个重要的法则即文化优势法则存在于文化进化过程中。它包括两种形式：一种是某种文化或文化类型将通过加强其适应性确立自己在一个特殊环境里的地位，它是作为能最有效地利用那一环境的类型而生成的；另一种是某种文化的发展必须具有对更大范围里各类环境的更强的适应能力，并对这些环境中的资源具有更高的利用水平。也就是说，这一法则提示的是一个文化系统只能在这样的环境中被确立：在这个环境中人的劳动同自然的能量转换比例高于其他转换系统的有效率。[①] 中国传统农业所以在东亚这片广袤的土地上生根开花，也在于它表现出了这种巨大的文化优势。止像作者指出的那样：中国是一个建立在集中的农业经济基础上的复合文明体，这种集中是建设灌溉和排水的大规模公共设施，以及用以交通的巨大运河网络的结果。所有这些使得谷物生产有余，而对于剩余谷物的集中和再分配，则决定了政治力量的集中。中国文化在地域上扩展的主导方向，始终是朝着南方。由于南方有着特别丰饶的长江流域，它很容易使中国农业文化所依赖的高度集权系统得以实施，所以向南方的扩展几乎没有碰到什么障碍。由于北方在生态上的巨大差异，特别是草原地区缺水，使它只能发展畜牧业，而不能融汇于大河流域的大一统农业文化。中国农业文化在它的环境界线内被证明是极有成效的。一旦出了这个界线，中国农业文化的热力学优势便告失落，其他系统便被证明为更有效益。

正因为如此，中国传统农业在这个能够充分表现其优势的环境中获得了超常的发展，取得了辉煌的成就。概括起来，表现在以下几个方面：

---

① 参见托马斯·哈定等著：《文化与进化》，浙江人民出版社 1987 年。

(1) 传统农业经济超常规的发展

在两千余年的发展中,中国传统农业经济达到了传统时代的最高成就。集中表现为以下几个方面:

第一,从农业生产中所利用的动植物来看,中国传统农业经济在发展过程中驯化了大量的野生动植物,培育了数以万计的优良品种,从而使中国成为世界上栽培植物的重要发源地和作物品种资源最富有的国家。据国外学者的研究报告,目前世界上栽培植物大约有 1200 种,其中 200 种直接发源于中国。苏联学者瓦维洛夫在 1935 年出版的《育种的植物地理学基础》中提出了"植物起源中心学说",并绘制了栽培植物起源中心图,将作物起源分为 8 个独立的起源中心和 3 个副中心①,称中国是"第一个最大的独立的世界农业发源地和栽培植物起源地"。20 世纪 70 年代,西方学者哈兰提出栽培作物起源六个中心,即三个起源中心和三个非起源中心,中国被列为三个起源中心之一。相当一部分品种在中国传统农业时期得到高度发展,水稻、小麦、粟等成为中国人民主要的粮食种植作物,到了明清时期,玉米、番薯等作物传入中国,丰富了中国人民的饮食。

第二,从利用土地、保持地力来看,中国传统农业经济创造了传统时代世界的最高水平。为了充分、有效地利用有限的土地,维持庞大的人口和促进农业文明的发展,传统农业开辟了大量的肥源,以人工劳动和人的智慧参与了土地肥力

① 瓦维洛夫讲的 8 个独立起源中心是:中国起源中心、印度起源中心、中亚起源中心、近东起源中心、地中海起源中心、埃塞俄比亚起源中心、墨西哥南部和中美洲起源中心、南美起源中心。

的恢复过程，创造了一系列的轮作复种方法。我们的前人开辟了粪肥、绿肥、泥肥、饼肥、骨肥、灰肥、矿肥、杂肥等多种肥源，创造了沤肥、堆肥、熏土等一系列肥料积制方法，从而能够较长时期地维持和提高土地肥力。与此同时，中国传统农业还广泛运用了轮作、连作、间作套种、混作等栽培方法，提高土地利用率。在欧洲中世纪普遍实行休闲农作制的二田制和三田制时，中国早已采用二年三熟制、一年两熟制甚至一年三熟制了。

第三，从农艺技术看，中国传统农业在独特的环境中创造了一整套精耕细作的农艺技术体系，使中国传统农业经济的粮食单产达到了传统时代世界的最高水平。据古罗马时期的《克路美拉农书》记载，在公元前后欧洲农业的收获量，一般只有播种量的 4—5 倍；而据大约同期的《云梦秦简》推算，中国当时农业的收获量至少已达播种量的 10 多倍。据 13 世纪英国的《亨利农书》记载，当时英国农业的收获量只有播种量的 3 倍，整个中世纪欧洲大陆的农业生产水平也高不出这个水平多少；而据 17 世纪中国的《补农书》记载，太湖地区农业的收获量已达播种量的 30 倍。这种成就就是通过不断深化的精耕细作、竭尽人力所能而取得的。

第四，从农业生产经验的积累和总结看，中国传统农业由于发展较充分，生产经验也十分丰富。中国历史上编著了大量的农书，使中国成为世界上拥有农业典籍最丰富的国家。据统计，中国历代农书约有 500 多部，留传至今的有 300 多部。这些农书包括了农、林、牧、副、渔等各个方面，其中不少是世界最早的农业专著，有很高的科学价值。虽然由于传统时代个体小农的文化程度远未达到学习这些书本知识并推广应用的要求，但是，这些农书的产生则必然源于丰富的农业生产经验。

(2) 传统农业的发展深度与广度

中国传统农业发展，一方面体现为农业生产组织和农业生产技术的不断发展和改进，即表现为一家一户的个体小农经济日益精耕细作的小规模经营的发展；另一方面也体现为传统农业经济区域的不断扩张上，即表现为大量宜垦殖的非农区域的农业化。

中国传统农业在几千年的发展中的确存在着两种趋势，一是内涵式发展的趋势，即日益走向精耕细作的小规模经营的发展趋势；二是外延式发展的趋势，即传统农业不断改造其他经济区域的趋势。这两种趋势始终同时并存，只是在不同的历史时期各自表现的强弱不同，发展的途径不同。

中国传统农业最早是在黄河、长江流域建立起来的，随后不断地向四边扩展，岭南的珠江流域、西北的河西走廊、西南的巴蜀地区，以及东北辽河流域等都相继被开发出来。传统社会的经济中心也逐渐由西向东、由北而南转移。

春秋战国时代，中国传统农业经济的主要活动区域集中在黄河中下游地区，今天的关中地区在当时更以其优越的环境和资源条件成为农牧业活动的理想王国。战国秦汉时期，黄河下游和四川盆地农业经济迅速发展起来，长江流域也得到进一步开发。魏晋南北朝时期的战火硝烟，严重破坏了黄河流域农业生产和生活的正常进行，却促进了南方农业经济的飞速发展。所以，至隋唐时期，长江流域已经上升为同黄河流域具有同样重要地位的农业经济区了。两宋时期，南方经济由于长江流域农业的繁盛和珠江流域农业开发的成功，最终超过了北方黄河流域。明清时期最主要的成就，便是东北辽河流域的开发。可见，中国传统农业经济区不断扩大，大量非农地区被具有巨大文化优势的农业经济所融合。

(3) 传统农业形成的单一经济结构

中国传统农业经济结构创造了农业经济的单一的超常发展。个体小农的小规模经营和精耕细作的农业经营方式，赋予了传统农业巨大的发展潜力和经济优势。

中国传统农业经济结构日益向着单一的农业经营方向转化，它既不是农牧结合的经济形式，也不是农工结合的经济形式。传统农业以其巨大的经济优越性排挤着其他各种经济活动，这种排他性使中国没有像欧洲或其他一些地方那样出现混合的经济形式，而是在很早以前就形成并不断强化了以农业为主的经济形式，具体而言就是以种植业为主的经济形式。从整个传统时代国家经济成分构成来看，非农经济部门的发展受到来自农业的强大限制，所占比重呈减小趋势；从经济区域变迁来看，北部相当规模的宜耕宜牧地区均被农业化，南方许多可渔可农的地区也转向以农为主，或者可以这样说，传统农业经济区早已达到了它的极限规模了；从个体小农家庭经济活动来看，非农活动也少得近乎于没有，仅存的一点家庭手工业也被纳入利用农闲时间弥补农业经济收入不足的范围。单一的农业经济的超常发展，提供了传统时代所能达到的最高粮食供给，成为确保庞大人口数量、促进农业文明繁荣和维持农业帝国昌盛的根本物质基础。

(4) 传统农业是传统文化的坚实基础

中国传统农业经济的超常发展,不仅为传统时代的各种非农经济部门,如商业、手工业等的存在和发展提供了可能,使中国传统工商业取得了长足发展,而且也为在世界上独树一帜的中国传统文化提供了坚实的基础和富饶的土壤。

中国传统文化就是深深地植根于发达的农业经济活动之中的,是典型的农业文化。也正是由于它所建立的经济基础牢不可破,它成为世界历史上文明古国文化中唯一没有被彻底摧毁过的文化。《泰晤士世界历史地图集》这样描绘宋元时期的中国:“宋时中国的经济仍然继续发展,750 至 1100 年之间人口成倍增长;贸易达到新水平,围绕着初期宋的首都开封一个大的工业中心建立起来了。即使失掉北方之后,宋代中国还是非常繁华。它的南部领土比古老的中国北部心脏地带生产更发达。人口继续迅速增加,贸易和工业兴旺,首都杭州无可置疑地成了世界的大都市。”“在十三世纪时,中国仍然人口众多、出产丰富,它的社会秩序也很安定,它的科学和技术远甚于同时代的欧洲,在这整个期间,中国是世界上的最强大的国家,中国的文化是世界上最光辉的。”[①]科技史学者李约瑟也指出,中国历史上的航海事业是很发达的,“在 1100—1450 年之间肯定是世界上最伟大的”。源于农业生活和宗法伦理的儒家文化,不仅统治了中国 2000 多年,而且也以很强的感召力和穿透力影响了周边的许多国家。

① 参见杰弗里·巴勒克拉夫:《泰晤士世界历史地图集》第 4 章《划分为地区的世界——唐到宋时的中国文明》,第 126—127 页,生活·读书·新知三联书店 1985 年。

4. 发达的农业帝国

中国传统农业发展的形态为世界经济发展史上所少有，建立在传统农业基础之上的农业帝国的经济成就和影响力举世瞩目。在农业社会，世界上许多地方都曾一度出现过大小不等的帝国，但是都如沙漠上的建筑，很快便土崩瓦解。唯一历经 2000 多年而未中断的农业王国，就是中华大帝国。中国传统农业帝国虽历经合久必分、分久必合多次起伏，但统一的格局却是历时最久的，而且往往每一次分解都会孕育出更大范围和更大规模的统一与整合。从秦始皇"续六世之余烈，振长策而御于内"，完成中国统一、建立中央集权的庞大帝国开始，历经两汉、隋、唐、宋、元、明、清，一直雄踞在世界的东方。

这种较为稳定并具有实力的中央集权的统一国家，在生产力尚不发达的传统农业社会中，对于克服农业社会中个体小农经济的离散倾向、抵御各种难于抗衡的自然灾害、兴建促进农业发展的大型公共工程、防止周边非农力量特别是北部游牧民族对农业生产的侵扰、确保农业生产和生活的正常进行，都表现出前所未有的优势。在这个农业帝国中，不仅创造了高度繁荣的物质文明，而且也创造出了十分完备的制度体系，它维系着这个社会的存在和发展。

海内外许多学者都试图破译中国传统农业社会的中央集权专制存在的秘密。相当一批学者认为，东方独特的水利灌溉和交通运输成为政府的特定职能同中央集权专制体制政府的形成有某种必然联系。事实上，马克思早就论述过这一问题，在他看来，"在亚洲……由于文明程度太低，幅员太大,不能产生自愿的联合,所以就迫切需要中央集权的政府来干预。因此亚洲的一切政府都不能不执行一种经济职能,即举办公共工程的职能。这种用人工方法提高土地肥沃程度的设施靠中央政府办理,中央政府如果忽略灌溉或排水,这种设施立刻就荒废下去"①。如前所述,美国学者魏特夫②把中国中央集权的传统社会归结为一种治水社会。而珀金斯也认为:"大规模治水活动协作的需要,中国家族制度的专制主义的需要,对付中国边疆上野蛮游牧部落的共同防御的需要,以及中国许多其他传统因素的需要,这些都有助于集权主义的胜利。"③中国学者冀朝鼎也持有近似的看法,他认为"发展水利事业或者说建设水利工程,在中国,实质上是国家的一种职能,其目的在于增加农业产量以及为运输,特别是为漕运创造便利条件","各个朝代都把它们当作社会与政治斗争中的重要政治手段和有力的武器"。而"公共水利工程发展的进程,在很大程度上决定于统治集团用以加强对国家进行控制的政治目的"④。由于独特的历史地理环境而形成的为农业经济服务的水利灌溉和交通运输等公共事业,成为中国传统农业帝国政府的重要经济职能。政府承担这一经济职能的基本依据,一是这种庞大的为农业服务的公共工

① 《马克思恩格斯选集》第2卷第64页。

② 卡尔·奥古斯特·魏特夫(Karl August Wlttfogel,1896—1988年),德裔美国汉学家。著有《中国的经济和社会》、《中国社会与征服王朝》、《东方专制主义》、《农业——理解过去中国和现在中国的钥匙》等。

③ 德·希·珀金斯:《中国农业的发展(1368—1968)》,第226页,上海译文出版社1984年。

④ 冀朝鼎:《中国历史上的基本经济区》,第8—9、38页,商务印书馆2014年。

程只能由政府来承担，个人或基层组织往往无力承当；二是这种公共工程是为政府的政治和经济目的服务的，也成为政府控制全国的有力工具。

农业是理解中国传统社会的钥匙。传统农业奠定了中国专制中央集权庞大帝国的坚实基础，提供了农业帝国发展的基本经济条件。大量的历史文献和无数的事实都表明，中国大一统的中央集权政府存在的最深刻原因，就是根基于中国传统农业经济结构的特殊性质和需要。

首先，发达的农业帝国依赖于传统农业所提供的大量剩余的农产品（主要是粮食）和各种贡赋。农产品不仅关系到人民的生存，而且关系着国家的兴衰。农产品剩余越多，通过贡赋由政府控制的也就越多，国家的实力也就越强。明朝政府尤其重视控制粮食，兴盛时大约每年征收 3000 万石粮食。明清两朝的经济后盾和财政收入都仰仗南方农业发达地区，每年都要有大量的漕粮和货币财富源源不断地从南方运往京师，仅漕粮一项每年就需 300—500 万石。如果没有如此巨额的农产品为政府控制，专制集权的农业帝国一天也维持不下去。

其次，发达的农业帝国还凭借传统农业较先进地区，即基本经济区来达到维持自己的统治、控制全国局势的政治经济目的。正像冀朝鼎所说，中国农业大帝国“不像现代国家那样是用经济纽带联结成的整体，而是通过控制基本经济区的办法，用军事与官僚的统治组合而成的国家”①。在隋唐

① 冀朝鼎：《中国历史上的基本经济区》，第 4 页，商务印书馆 2014 年。

以前，中国的政治中心与经济中心（或农业经济发达地区）在地理上是吻合的，关中地区发达的农业经济维持了秦汉隋唐帝都的繁荣。宋元之后，政治中心与经济中心（或农业经济发达地区）在地理上分离了，对政府来讲，控制基本经济区十分重要。这也就是为什么明清两朝对南方经济发达地区的控制不断加强的原因所在，没有发达的基本农业经济区，庞大的帝国赖何以存？

最后，专制中央政府本身并不生产粮食，但是它却能通过许多政策或行动对农业生产产生积极或消极的影响。对于小农经济而言，大多数的农业活动不需要政府的参与和配合，农民自给自足地从事生产活动。但是，小农经济对社会稳定与否、灾难救济强度的依赖却十分强烈，稳定的社会政治环境有利于小农经济的生存与发展，动荡的社会政治环境危及小农经济的生产与生存；同样面对自然灾害，小农经济的抵御能力也是十分有限的，当遇到较为严重的自然灾害的时候，小农经济则需要政府的各种赈灾措施施救和公共基础设施投入。这无疑加强了中央政府的经济和政治职能，成为中央专制集权农业帝国存在的依据之一。

传统农业支撑着庞大的农业帝国，集权政府又强化着传统农业。

三、传统农业知识与技术体系

中国传统农业之所以取得这样充分的发展，与很早就建立起了一套较为系统完备的传统农业知识与技术体系有关，它是传统农业发展的前提条件。可以说传统农业知识与技术体系同传统农业的发展形影相随，既是中国传统农业实践经验的理论总结和提升，也是中国传统农业实践发展的理论指导和实践依据。

中国传统农业知识与技术体系产生于中国传统农业的生产和生活，是这种传统农业生产和生活经验的积累与提升；它是紧密联系农业生产实际、因地制宜的农业生产经验和生活经验的概括，更多关注和应对特定地区的农业生产与生活；它是在一个相对独立的知识体系与技术体系中产生和发展起来的，同外界农业知识与技术体系的交流和合作相对较少；它通过历代各级政府的倡导和示范而在全国各地得到较为广泛有效的推广，可以说没有政府的推广和示范，这种农业知识与技术体系就很难形成相对系统的体系。

1. 传统农业知识与技术体系

中国传统农业知识与技术体系是中国传统农业生产经验和规律认识的总结，主要由北方旱作农业知识与技术体系、南方稻作农业知识与技术体系、北方游牧部落牲畜饲养知识与技术体系构成。黄河流域是中国北方旱作农业知识与技术体系产生和形成的区域，肥沃的土地孕育了早期传统农业的高度发展和显著的发展优势，在这里最早形成了中国传统农业的基本形态；长江流域和长江以南地区是南方稻作农业知识与技术体系产生和形成的区域，特别是以其丰饶的土地和广阔的领域，在唐代中期以后成为中国传统农业最发达的地区，并形成了中国传统农业的经典形态；北方广袤的草原地区产生并形成了历史久远的牲畜饲养知识与技术体系，一个又一个中华民族的游牧部落和草原文明在这里诞生，丰富着中华民族的民族融合、经济生活和文化传统。

中国传统农业知识与技术体系所包括的知识与技术内容十分广泛，简单地说主要包括以下这些：

一是关于土壤的知识与技术。在中国很早就形成了一套关于"地力"的学说，在精耕细作农业技术中，保持地力旺盛不衰是最重要的技术难点，因为它攸关农业能否长期发展，为此中国的先民发明和积累了一套通过积肥、施肥恢复地力的方法，在最大限度利用土地和保持地力长久不衰之间找到了一个平衡点。《吕氏春秋》一书中的《任地》《辩土》篇，就是比较早的关于土地知识的著述，《氾胜之书》《齐民要术》对于北方旱地农业中有关土地的知识与技术进行了很好的总结。《陈旉农书》《沈氏农书》则更多记载了长江流域和长江以南地区的关于土地的知识与技术。到了明清之际，中国传统农业的知识与技术体系日臻完善，各类农书大量出现，关于土地的认识更是达到了传统社会时期最高的水平。有专家提到："中国农民自古以来对土壤一向采取主动态度，想方设法去改良和维持它的肥力，在生产实践中逐渐形成了一套把土地耕作、作物轮作和施肥等措施加以综合运用的方法，从而使中国的农田使用了几千年而没有衰败。"①

二是关于农时的知识和技术。农业生产对于气候、温度、季节等自然条件的依赖很强，农时就是关于农业产品生长的实践规律的认识和总结。中国传统农业很早就认识到农时的重要性，在中国很早就形成的所谓"二十四节气"说，更是中国传统农业生产经验的很好总结。孟子说"不违农时，谷不可胜食也"②，就是强调了尊重农产品生长规律的重要性，也是古人对农时的经典论述。《夏小正》和《月令》都可以说是最早的农事历书。《吕氏春秋》一书中的《审时》篇说："夫稼，为之者人也，生之者地也，养之者天也。"这里所谓"天"的内涵，重要的一条就是农时。东汉崔寔著有《四民月令》，按照时令把各种农事活动进行了安排，供人们在农事活动中参考。这是我们今天可以看到的最早的按照农业生产的时间规律，为指导农民的生产和生活而编写的农事活动的图书。元代鲁明善所著《农桑衣食撮要》则是纯粹的农家月令书，它是一部主要记述在一年之中不同月份，农民应该怎样进行农业生产活动的指导性图书。到了明清时期，这类农书大量出现，许多农书都是针对不同地区、不同作物种植而编写的，包括《便民图纂》《农圃便览》等农书。

① 董恺忱、范楚玉主编：《中国科学技术史：农学卷》，第7页，科学出版社2000年。

②《孟子·梁惠王上》。

在较系统的农学著作，如《农政全书》《授时通考》中，都有关于月令的记载。

三是关于农业生物学的知识和技术。中国传统农业发展了一套农作物的选种育种、间作套种的做法，选种育种保障的是农作物的质量和品质，间作套种保障的是农作物交叉种植的单位产量，这是中国传统农业确保再生产正常进行的重要方面。中国传统农业之所以被称为精耕细作的农业经营体系，一个重要的方面就是在选种育种、间作套种方面的创造性发展。培育良种是广大农民在长期的农业劳动实践中创造的发展农业的重要途径。例如，水稻良种培育很早就已经出现，西晋时期郭义恭在《广志》中就记载了13个水稻品种，《齐民要术》记载的当时北方种植的水稻品种就有24个；明清时期水稻品种更是繁多，仅清代《授时通考》中记录的水稻品种就多达近3500种，去掉重复的品种也多达2500余种。间作套种是广大农民创造的根据作物间相宜程度，提高土地利用率的做法。许多适合于不同地区的农书都是对精耕细作知识与技术的提炼和总结，通过轮作复种、间作套种等多熟种植，不仅可以提高土地利用率，而且还可以抑制杂草和病虫害，维持传统农业的发展活力。例如，清代双季间作稻和连作稻在长江以南地区开始推广普及，一年三熟制的麦—稻—稻三季种植也在个别地区推广。北方旱作农业中两年三熟制也较为普遍。正所谓“凡种田不出粪多力勤四字”①。

①《沈氏农书·运田地法》。

四是关于农业田间管理的知识与技术。中国传统农业走的是一条精耕细作的发展道路,农业生产田间管理知识与技术日益完善和成熟,小农户需要在田间管理上投入巨大的力量才能保证较好的收益。战国时期李悝在魏国实行改革时,把"勤谨治田"放在重要位置,其目的就是要加强生产和管理。《吕氏春秋》说"量力不足,不敢渠地而耕",也是讲要通过加强生产和管理来提高产量,而不要随意通过扩大耕地来增加产量。关于通过更多地投入劳动,加强田间管理,提高单位面积产量的耕作形式,先后有甽种法、代田法、区田法等。例如,代田法是西汉时期推广的一种耕作方式,通过同一个地块上作物种植的田垄隔年替换以保持地力、代替土地休耕的方法,代田法优势就是能够抗旱、保墒、防倒伏,"一岁之收,常过缦田亩一斛以上,善者倍之"。区田法也是西汉后期在一些地方推行的耕作制度,它是更加精细的耕作方式,通过深挖作区、开沟点播和坑穴点播等方式,实现防风抗旱、保墒保肥、深耕密植、高产高效的目的。这一类通过探索田间管理等方式提高粮食产量的做法,始终没有止步。

五是关于农业水利灌溉的知识与技术。农业是迄今为止各个产业中对水的依赖最为紧密的产业,水利是农业的命脉,中国传统农业在如何利用水利规避水害等方面积累了丰富的知识与技术。所谓"民之所生,衣与食也;食之所生,水与土也"。[①] 中国传统农业的发展始终离不开对于水的利用,防治水害、兴修水利是历代政府的重要工作内容之一。

---

①《管子·禁藏》。

例如，秦朝先后兴修了不少大规模的水利设施和水利工程，例如，都江堰、郑国渠等，都长期服务于当地老百姓和农业生产，成为秦朝统一全国的重要经济因素。西汉时期，兴修水利热潮迭起，仅关中地区就有漕渠、龙首渠、六辅渠、白渠、灵轵渠、成国渠、樊惠渠等，史载武帝时期“用事者争言水利。朔方、西河、河西、酒泉皆引河及川谷以溉田；而关中辅渠、灵轵引堵水；汝南、九江引淮；东海引钜定，泰山下引汶水，皆穿渠为溉田，各万余顷。佗小渠，披山通道者，不可胜言”①。此后，历朝政府都将发展水利作为政府的重要职责，传统农业发展到哪里，水利设施都会修筑到哪里。

此外，在北方游牧部落中也积累和形成了牲畜饲养的知识与技术体系，实际上这也是构成中国传统农业知识与技术体系的重要组成部分。例如，匈奴部族很早就开始了牲畜的种内杂交，通过马与驴的杂交得到骡和“駃騠”两类不孕的个体，藏民族通过黄牛与牦牛杂交得到犏牛。骡后来引入到黄河流域，为这里的农业生产所普遍使用。② 本书主要探讨以种植业为主的中国传统农业的发展，对于北方游牧部落牲畜饲养知识与技术不展开论述。

2. 传统农业知识与技术体系的发展

中国传统农业知识与技术体系的发展路线图大致如下：唐代中期以前主要体现为北方旱作农业知识与技术体系的

---

①《史记·河渠书》。

② 参见石声汉：《中国农学遗产要略》，第 27 页，农业出版社 1981 年。

形成和发展，唐代中期以后主要体现为长江流域及长江以南区域传统农业知识与技术体系的形成和发展，明清时期是中国传统农业知识与技术体系的繁盛时期。

(1) 传统农业知识与技术体系的演变

中国传统农业大约在战国秦汉时期在黄河流域最早发展起来，并逐渐确定起了以个体小农的小规模经营和精耕细作为特征的经典的农业经营方式。与此同时，北方旱作农业知识与技术体系也开始形成，大约在春秋战国时期就已经开始出现，并在两汉时期最终确立起来。在此后的历史进程中不断积累和发展，成为前期中国传统农业知识与技术体系的最重要组成部分。

在广大的长江流域和长江以南地区，很早就出现了原始农业，水稻的栽培历史十分久远。只是由于黄河流域农业文明和文化的兴盛，才使得长江流域的农业文明和文化未能快速发展起来。长江流域农业文明和文化的真正崛起，大概已经到了魏晋南北朝时期。由于北方长期的战乱和少数民族南下的侵扰，许多居住在中原的农业人口大量南迁，这带来了长江流域的大开发和大发展。到了唐代，中国的经济中心开始向长江流域转移，长江流域取代黄河流域成为中国经济最发达的地区。在这个过程中，南方稻作农业知识与技术体系形成并确立起来，在此后的一千多年间不断积累和完善，成为后期中国传统农业知识与技术体系的最重要组成部分。

(2) 土壤的知识与技术

土地是财富之母，这一概念在中国很早就已经形成，所谓“百谷草木丽乎土”①。《管子》中更有“天覆万物而制之，地载万物而养之”，“地者，万物之本原，诸生之根菀也”②的说法。没有土地，任何农业生产活动都无法进行，因而分析土壤品质高下、研判土地肥沃与贫瘠，是从事农业生产的先决条件。

秦汉之前，随着中国传统农业开始快速发展，在黄河流域已经形成了一套“土宜”学说。《荀子》中说，“相高下，观肥墝，序五种，省农功，谨蓄藏，以时顺修”，是“治田之事也”。③《周礼·大司徒》中把土壤分为十二类，提出根据不同类型的土壤如山林、川泽、丘陵、坟衍、原隰等，从事不同的农事活动。尤其是《尚书·禹贡》和《管子·地员》篇可谓是秦统一之前有关中国土壤论述的代表作品，前者将九州土壤分为十类，后者描述了土壤性状和适宜物产。秦汉以降，有关土壤的论述也有不少。例如，在《淮南子》一书中，专门谈到了各地所宜物产情况，认为东方宜于种麦，南方宜于种稻，西方宜于种黍，北方宜于种菽，中央宜于种禾，中央多牛马及六畜。④ 在《齐民要术》中，同样贯穿了对土壤的认识和理解，将土壤按肥力分为良田、薄田，按地势分为高田、下田，按颜色分为黄、白、黑、青，按质地分为刚强、软、沙，对许多农作物所需的土壤地形条件都进行了论述。《氾胜之书》提出“和土”说，所谓“和土”就是希望通过人们及时的耕作，“使土壤

①《周易·离·彖辞》。
②《管子·形势解》、《管子·水地》。
③《荀子·王制》。
④《淮南子·地形训》。

达到刚柔、燥湿、肥瘠适中的最佳状态”①。

唐宋以后有关土壤的知识与技术，则主要集中于对长江流域和长江以南地区传统农业生产经验的提升和总结，之前主要是集中于对黄河流域传统农业生产经验的提升和总结。唐朝中期，长江流域和长江以南区域的传统农业发展成为当时中国经济发展的重点区域，有关长江流域和江南地区土壤的认识也在不断提高。特别是随着长江流域经济地位的上升，随着水稻在中国人饮食中比重的提高，大量荒山、荒坡、滩涂、河湖被开发成为农田，这都要求人们对长江流域和长江以南地区土壤的认识不断加深。《陈旉农书》《农桑辑要》《王祯农书》都反映了这一时期这一区域的农业生产经验和土壤认识水平。

(3) 农时的知识与技术

《吕氏春秋》中说：“春气至则草木产，秋气至则草木落。产与落或使之，非自然也。故使之者至，则物无不为，使之者不至，则物无可为。古人审其所以使，故物莫不为用。”②从事农业生产活动，掌握农时至关重要。春耕、夏耘、秋收，是最重要的农事季节，“三时不害而民和年丰”③。

战国时期，人们对农时的认识有了飞跃式发展，取得了重要的进展，其中最为突出的就是二十四节气的提出。二十四节气主要是北方旱作农业知识与技术体系的认识成果，可

① 董恺忱、范楚玉主编：《中国科学技术史：农学卷》，第 273 页，科学出版社 2000 年。

②《吕氏春秋・义赏》。

③《左传・桓公六年》。

以说是黄河流域气候变化和农事活动的时间表。二十四节气分别是:立春、雨水、惊蛰、春分、清明、谷雨、立夏、小满、芒种、夏至、小暑、大暑、立秋、处暑、白露、秋分、寒露、霜降、立冬、小雪、大雪、冬至、小寒、大寒。二十四节气农业生产的关系十分紧密,时至今日依然具有重要的参考价值。为了更好地指导北方旱地农业生产活动,人们将气候变化与物候特征结合起来,整理出七十二候,并将二者对应起来,形成了比较完整的气候概念,这在《逸周书·时则训》中有记载。

秦汉时期,二十四节气说已日臻完备,之后两千年间基本没有改变,农事活动基本上都要参考节气、物候等来进行。例如,《四民月令》中记载了不同作物的种植节气:关于种禾的节气,二、三月时雨降,可种植禾;四月蚕入簇,时雨降,可种禾。五月,先后日至各五日,可种禾。关于种麦的节气,正月可种春麦;尽二月止。八月,凡种大小麦,得白露节,可种薄田;秋分,种中田;后十日,种美田。关于种稻的节气,三月时雨降,可种秔稻。

由于不同地区气候差异较大,对于农业生产活动的指导,还有许多更具有地方特色的农事书籍具体指导,尤其是明清时期这类图书普及更为广泛。通过农书等指导农业生产与生活,是中国传统社会中各级政府的主要职责之一。

(4) 耕作方式的知识与技术

大约在战国秦汉时期,中国传统农业的耕作知识与技术有了显著的变化,突出的标志是铁器的普及、牛耕的使用和新的耕作方式的出现。首先,铁器和牛耕的出现,极大地提高了黄河流域的农业劳动生产力,尤其是农业生产工具革命带来的深耕熟耰，使得土地耕作成为一件更为省力的劳动。加之其他农业生产工具的改良，从整体上提高了农业生产技术水平。其次，农业耕作方式也出现了新的变化，休耕制开始被连种制取代，为了维护地力而采取的多粪肥田等措施也取得了很好的效果，代田法、区田法都是提高土地利用率的积极尝试。大约到了魏晋南北朝时期，更是出现了多种多样的轮作倒茬方式。一套以耕—耙—耢—压—锄相结合为特点的黄河流域农业耕作体系基本形成。

隋唐时期、宋元时期，随着长江流域和长江以南地区经济的快速崛起，水稻耕作方式也出现了前所未有的大发展。曲辕犁在唐代晚期已经普遍使用，耘荡（亦称耥）在元代被发明出来，由于秧田移栽、烤田、排灌等技术被广泛运用到水稻种植中，水旱轮作稻麦两熟复种制也出现了。一套以耕—耙—耖—耘—耥相结合为特点的长江流域农业耕作体系基本形成。

3. 传统农业种植知识与技术的发展

在中国传统农业中，轮作复种和间作套种具有悠久的历史。许多学者都进行了深入的研究，中国学者郭文韬更是进行过系统的研究和概括。① 这种知识与技术是中国传统农业之所以取得同时代最为突出的历史成就的重要原因，也是中国传统农业对世界农业发展的一大贡献。这种种植制度

① 参见郭文韬编著《中国古代的农作制和耕作法》，农业出版社 1981 年；郭文韬：《中国农业精耕细作的优良传统》，载《中国传统农业与现代农业》，第 62—131 页，中国农业科技出版社 1986 年。

不仅能够更高效率地利用土地，增加单位面积农产品产量，而且总结出了农作物之间生长的规律，并探索出了各种农作物相互适应和促进的规律。这对于传统社会后期面对人口不断增加的压力，更好地解决粮食需求问题、吸纳大量劳动力，都起到了决定性的作用。

(1) 轮作复种和间作套种的形成

在农业发展的早期，人们对于土地的认识还不足，土地利用率并不很高。大概在战国以前，中国农业还普遍采取的是撂荒耕作制，需要通过土地自然休耕的办法来恢复地力。大约到了战国时期，耕作制度开始有了突破性发展，土地连种制出现，其典型形式就是轮作复种制和间作套种制。当然这主要还是取决于农业生产工具的革命和社会经济关系的变革。

关于轮作复种制。这种种植制度大约产生于战国时期的黄河流域旱作农业体系之中，秦汉至唐以前初步发展，唐宋以降得到更快发展，特别是在长江流域和长江以南地区，发展更加迅速。《管子》中说“常山之东，河汝之间，蚤生而晚杀，五谷之所蕃熟，四种而五获”①。这就表明，大约战国时期黄河与汝河之间，由于自然条件较好，四年可以五熟。《荀子》中也记载“今是土之生五谷也，人善治之，则亩数盆，一岁而再获之”②。这就明显的是一年两熟的轮作复种制了。在西汉时期，黄河流域旱作农业中已经有了粟与麦的轮作复

---

①《管子·治国》。
②《荀子·富国》。

种，谷、麦、豆的轮作复种，二年三熟制已经比较普遍运用。在隋唐时期，轮作复种在北方许多地方都已经推广开来，当时地处西域的高昌也已经出现了“土沃，麦禾皆再熟”的记载。① 轮作复种的推广极大地提高了北方旱作农业的生产效率。

东汉时期汉水流域出现了一年两熟制，这是种植制度日益深化的重要体现。张衡在《南都赋》中说当时南阳地区已经有了稻麦轮作复种情况；西晋左思《吴都赋》中也有南方“国税再熟之稻，乡贡八蚕之緜”。“再熟之稻”就是讲的南方已经普遍有了一年两熟种植了，南方地区农业生产的优势开始表现出来。《齐民要术》中记录的绿肥轮作方式已有八种之多，即苕草—稻、绿豆—谷、小豆—谷、胡麻—谷、绿豆—葵、绿豆—葱、绿豆—瓜、小豆—麻等，通常绿肥轮作是利用夏季闲地，于五六月间种绿肥，七八月间翻压。

关于间作套种制。这种种植制度也是中国传统农业的一大创举，它对于中国传统农业取得独步天下的文明成就，也做出了积极的贡献。最早记载间作套种的是汉代的《氾胜之书》，氾胜之特别记载了当时“区”种瓜的同时，还可以先后兼种薤、小豆，这就是瓜、薤、小豆的间作套种。根据土地和作物的情况，选择不同的作物进行套种，可以充分利用土地和季节，达到增加产量和收入的目的。间作套种是农业生产者对种植经验和作物特性的很好总结，魏晋南北朝时期，间作套种的理论认识和实践技术已经很成熟了，在《齐民要术》

---

①《新唐书·西域传上》。

中对间作套种有比较多的记载。例如,指出间作套种就是为了“不失地利,田又调熟”。书中记录的间作套种就有桑间种植芜青、桑间种植禾豆、麻子与芜青间作、葱与胡荽间作、大豆与谷子间作等五种形式。

(2) 轮作复种和间作套种的扩展

隋唐至宋元时期的轮作复种发展迅速。长江流域和长江以南地区经济开发日益深入,大约在唐代开始,这里的轮作复种制得到了快速发展,并在更广泛的地区普及了。郑熊在《番禺杂记》说:“水稻,水禾也,有早稻,有晚稻。春播夏熟者,早稻也;夏播秋熟者,晚稻也。”这表明当时广州一带双季连作稻栽培已经比较普遍。在其他一些地方如江苏、湖南、云南等地,稻麦轮作复种的一年二熟制也已经很常见了。白居易曾经描写苏州景象是:“去年到郡日,麦穗黄离离。今年到郡日,稻花白霏霏。”北宋时期政府十分重视促进南、北方农业种植业的交流,极大地促进了各地农业的发展。一是注意加强北方作物在南方的引种,例如,北宋初年政府曾劝谕江南、两浙、荆湖、岭南、福建等州百姓,“益种诸谷,民乏粟、麦、黍、豆种者,于淮北州郡给之”。这种交流不仅促进了江南地区种植内容的丰富,也有助于南方传统农业对整个国家经济的支持。二是将福建所产占城稻引种到江淮、两浙,北宋大中祥符四年(1012 年)政府“以江淮、两浙稍旱即水田不登,遣使就福建取占城稻三万斛,分给三路为种,择民田高仰者莳之,盖早稻也”①。占城稻在这些地方的推广,对于农业

①《宋史·食货志》。

生产的提高是显而易见的。南宋江浙地区稻麦轮作复种已经十分兴盛，诗人杨万里也曾吟唱："黄云剖露几肩归，紫玉炊香一饭肥。却破麦田秧晚稻，未教水牯卧斜晖。"

南方稻麦轮作复种还有一个原因就是大量北方人口南迁，他们的饮食习惯自然会影响到南方的种植结构的变化，尤其是他们对小麦的需求直接导致了小麦种植的激增。南宋庄绰在《鸡肋篇》中说："建炎（1127—1130 年）之后，江浙、湖湘、闽广，西北流寓之人偏满。绍兴初，麦一斛至万二千钱，农获其利，倍于种稻。而佃户输租，只有秋课，而种麦之利，独归客户。于是竞种春稼，极目不减淮北。"在《陈旉农书》中也有这样的记载："早田获刈才毕，随即耕治晒暴，加粪壅培，而种豆、麦、蔬茹，因以熟土壤而肥沃之。"

南宋时期在广东一些地区已经有了一年三熟水稻的记载。当时人周去非在《岭外代答》中描述了钦州地区情况："正二月种者，曰早禾，至四五月收；三月、四月种者，曰晚早禾，至六月、七月收；五月、六月种者，曰晚禾，至八月、九月收。"

隋唐至宋元时期的间作套种同样也有所发展。南宋《陈旉农书》中记载了桑间种植的做法，他说："若桑圃近家，即可作墙篱，仍更疏植桑，令畦垄差阔，其下偏载苧，因粪苧即桑亦获肥益矣，是两得之也。桑根植深，苧根植浅，并不相妨，而利倍差。""诚用力少而见功多也。仆每如此为之，比邻莫不叹异而胥效也。"元代《农桑辑要》一书更进一步论证了桑田间作套种的作物品种，如芝麻、瓜、芋等，记述了民谚"桑发黍，黍发桑"的道理，特别强调间作套种时植物之间互相促进的原则。

(3) 轮作复种和间作套种的完善

传统农业到了明清时期更加趋于精耕细作发展的高级阶段,日益精耕细作的传统农业推动传统社会达到了兴盛时期。

轮作复种更加趋于多熟种植。突出表现为:一是双季稻栽培在全国许多地方得到普及,清代李彦章在《江南催耕课稻编》中说:“按浙东温州、台州等府及江西袁州、临江等府,早稻既种,旋以晚稻参插其间,能先后两熟。其种法与福建同。又闻两湖之间,早晚两收者,以三四五月为一熟,六七八月为一熟,必俟早稻刈后,始种晚稻。安徽桐城、庐江等县亦然。其种法与广东、广西同。”二是稻麦轮作复种制又有了新的发展,特别是在清代,这种稻麦(菜、豆、杂)轮作复种制十分普遍,经济发达地区如杭嘉湖、苏松常、洞庭湖平原、成都平原等都普遍推行了这类轮作复种制。三是稻棉轮作在一些地区也开始得到推广,《农政全书》中提到:“凡高仰田,可棉可稻者,种棉二年,翻稻一年,即草根溃烂,土气肥厚,虫螟不生;多不得过三年,过则生虫。”清代一些地方已经发展起来了棉花种植为主,并伴以其他作物种植的轮作制。清代高晋在《请海疆兼种禾棉疏》中说:“松江府、太仓州、海门厅、通州并所属之各县,逼近海滨,率以沙涨之地,宜种棉花,是以种花者多,而种稻者少。”又说:“以现在各厅州县农田计之,每村庄知务本种稻者不过十之二、三,图利种棉者则有十之七、八。”四是在广东、福建、广西等地,以及在浙江、江苏、湖南等部分地方,三熟制也发展起来。有水稻三熟制,有二稻一麦三熟制,还有麦稻菽三熟制。这些都进一步促进了江南地区经济的繁荣发展。在黄河流域旱作农业中,也出现了二熟制、二年三熟制。可以说,明清时期传统农业取得了前所未有的大发展。

间作套种取得了更大发展。明清时期其主要形式包括以下几种:一是稻豆间作套种,这是一种在长江中、下游地区比较普遍采用的方式;二是麦豆间作套种,这是江浙地区比较普遍采用的一种方式;三是麦棉套种,这是东南沿海产棉地区比较普遍采用的一种方式;四是粮肥套种,这是南方许多地区普遍采用把粮食作物与绿肥作物套种的一种方式;五是粮菜间作套种,将粮食作物与蔬菜套种也是当时许多地方经常采用的一种套种方式。此外,一些地方还创立了不少其他作物套种的方法,从而实现了提高土地利用率、保持地力和增加农业收入的目的。

可见,中国传统农业知识与技术体系对于传统农业的发展具有十分重要的作用,传统农业没有这一农业知识与技术体系的支撑是很难发展起来的。

四、灵活的土地关系和所有权结构

土地占有关系所体现的是土地资源对人的隶属关系，本身不能完全决定农业生产的社会经济性质。真正构成并体现这种社会经济性质的是对土地的经营，即人们在社会中是怎样或通过怎样的方式运用土地进行农业生产经营和产品分配等经济活动的。中国传统社会经济中，围绕土地占有方式和建筑在这种占有方式上的经济关系，始终是中国传统社会经济中最主要的经济关系。

1. 传统农业的土地关系

生产组织结构即劳动组织结构，是人们在生产劳动过程中结成的最基本的经济联系和经济关系，是各种社会经济、社会和政治关系的基础。一定的生产组织结构，必然受着一定的经济、社会和政治因素的制约，它既不能任意组合创设，也不能任意消灭。生产组织结构是经济结构的核心，它更集中、更直接地体现着社会经济的发展水平和状况。因而有着多方面、多层次的经济意义。从第一层次讲，它体现着人与自然的关系，即反映了社会生产力的组织结构和发展水平。从第二层次讲，它体现着人与人的经济关系，即反映了在利用和发行自然过程中人们所结成的相互关系。从第三层次讲,它还决定并表现了社会关系的性质和基本特点。生产组织结构是通过劳动者同生产资料的具体结合而形成的,而这种结合必然表现着特定的经济关系性质。

在中国传统社会中,主要的土地占有者是地主、国家和自耕农,主要的土地所有制是地主土地所有制、国家土地所有制和自耕农土地所有制。这种土地所有制结构及其关系,2000多年来始终没有发生根本改变。

(1) 地主土地所有制

地主土地所有制是中国传统社会中最主要的土地所有制形式,也是发展最充分、最典型的土地所有制形式之一。人们通常把中国的地主制经济和欧洲的领主制经济,列为传统时代最有代表性的经济形式。在中国传统时代,地主土地所有制经历了一个漫长的发展历程,其经济本身和发展变化对我国政治、经济、文化等都发生过极大的影响。

地主土地所有制具体表现形式经历了四个阶段的发展演变:

第一阶段是战国至西汉。随着“普天之下,莫非王土”的格局被破坏,人们追逐土地的热情日甚一日,土地私有制确立起来,地主土地所有制也发展起来。《吕氏春秋》提到:“今以众地者,公作则迟,有所匿其力也,分地则速,无所匿迟也。”①这大概就是地主土地所有制产生的重要因素,这种土地所有制有利于劳动生产力的提高。依次出现了贵族地主(即依靠血统、宗法或政治集团利益分配而获得土地)、军功

①《吕氏春秋·审分》。

地主(即依靠作战有功而获得土地奖赏)和商人地主。商人地主的产生,标志着商业资本同农业土地资本的沟通,开辟了商人兼并土地的途径,促使地产非凝固化。土地商品化以及商业资本地产化,对中国传统农业经济曾产生过深远的影响。

第二阶段是东汉魏晋南北朝,地主人土地私有制得了充分发展。在这一段时期,中央集权的国家体制发生了一些改变,门阀贵族、世家大族、地方豪强纷纷崛起,成为蚕食中央政府权力的利益集团。东汉政府对土地占有采取不抑兼并的自由放任政策,汉光武帝刘秀曾讲"古之亡国,皆以无道,未尝闻功臣地多而灭亡者"。所以东汉一代,大土地所有制迅速发展,世族制度开始发展起来。尤其到了东汉后期,世家大族、地方豪强不断左右中央政府,形成实际上的割据局面,这是导致东汉之后三国纷争的深刻原因。在这种形势下,大地主庄园纷纷建立起来,并在此基础上形成了士族门阀的腐朽统治。魏晋南北朝绵延 360 余年,中原大地始终未能建立起一个强大的中央集权政府,政治真空带来的是军阀割据、豪强蜂起和少数民族大举南下,各地各类政权如同走马灯似的你来我往。

第三阶段是隋唐五代时期大地主土地所有制经济日趋衰落,并开始向以纯粹租佃关系为特点的地主制经济过渡,这是中国传统社会经济的一个重要转型时期。隋唐初期,原有的世家大族、门阀贵族已然拥有很大的政治权力和经济实力,他们在各地"比置庄田,恣行吞并","致百姓无处安置,乃别停客户，使其佃食”。[①] 780年唐朝政府颁行“两税法”，规定“户无主客，以见居为簿；人无丁中，以贫富为差”，“居人之税，秋夏两入之”。[②] “两税法”实行，有助于增加政府的收入，但是同时也加剧了土地兼并。加之商品经济和货币关系的发展，使建立在纯粹租佃关系基础上的地主制经济快速发展起来，原有的世家大族、门阀贵族被比较彻底地瓦解了。

第四阶段是宋元至明清，以纯粹租佃制为特征的地主土地所有制完全确立起来。土地商品化趋势加剧，参与交换也日趋频繁，各类社会财富地产化倾向十分突出。土地占有关系的频繁变动，不仅恶化了农业生产的基本条件，而且也对农业生产和经营方式产生了一定影响。例如，北宋普遍存在的“田非耕者之所有，而有田者不耕也”[③]。1704年山东遭灾，清政府调运漕粮救济，康熙皇帝曾谈到山东灾民的窘况：“田野小民，俱系与有身家之人耕种。丰年则有身家之人所得者多，而穷民所得之分甚少。一遇凶年，自身并无田地产业，强壮者流离于四方，老弱者即死于沟壑。”他希望地方官员和有产业的富人“深加体念。似此荒歉之岁，虽不能大为拯济，若能轻减其田租等项，各赡养其佃户，不但深有益于穷民，尔等田地日后亦不至荒芜”[④]。虽然康熙皇帝这样说，但还是可以看得出来租佃制的盛行情况。

---

① 《册府元龟》卷四九五“邦计部·田制”。

② 《新唐书·杨炎传》。

③ 苏洵：《嘉祐集》卷五，田制。

④ 陈振汉等：《清实录经济史资料》农业编·一，第226页，北京大学出版社2012年。

(2) 国家土地所有制

国家土地所有制在中国传统时代始终没有占据主要地位。但是,由于中国很早就形成了一套国家直接参与经济活动的机制,并在此基础上形成了更为广泛的国家干预主义政策,因此,在中国传统社会中国家的经济功能比同时期世界上其他国家和地区要强得多。政府通过各种途径和方式参与土地经营活动,并借以影响和控制农业生产和全国经济。国家所有土地包括以下几类:

一是大量未开垦或不宜开垦的土地,包括山林、沙漠、沼泽、荒地等等,这些土地从法权意义上是属国家所有,但是由于它们在农业生产中的经济意义不大或尚未显示出来,所以还未被视为一种重要的经济资源。国家对这一部分土地通常只是占有而没有经营。

二是国家所有的耕地。这一部分土地,不仅在法权意义上属于国家,而且在经济上也由政府经营,作为政府财政的重要补充和吸纳游民、安定社会的重要手段。正因为如此,这类土地经营对政府产生了极大的诱惑力,历朝历代都多少不等地占有相当数量的土地。最主要的形式是政府控制的官田,其具体形式包括垦田、营田、官庄、没入田、户绝田等等。这部分国有土地通常以各种方式分配或出租给农民耕种,政府取得租、税两种收入。例如,唐朝政府实行均田制,就是在国有土地上实行的分田制度,规定:“凡天下丁男,给田一顷。笃疾、废疾,给田四十亩;寡妻妾,三十亩,若为户者,加二十亩。所授之田,十分之二为世业,余以为口分。世业之田，身死则承户者授之，口分则收入官，更以给人。”①“有田则有租，有家则有调，有身则有庸。”②唐代初期由于存在大量国有闲置土地，所以采取了这种土地分配方式和收取租庸调方式，使大量无地和少地农民成为国家的“编户齐民”。

三是屯田也为历朝历代都广泛存在的国有土地形式。屯田是国家在国有土地上为了某种特定的政治、军事和经济目的，组织和动员社会流动劳动人口，垦种荒地和边陲土地的劳动形式。其中最常见的则是政府为满足边防军队的军事给养、巩固国防、稳定边境而设立的屯田，这种屯田具有很明显的军事性和强制性。屯田还以其经营方式不同，分为军屯、民屯和商屯。在中国传统社会中，几乎历朝政权都十分重视以屯田实边，加强边防力量。例如，西汉时期政府在西域设置官署，推动屯田，规模巨大。又如，明代军屯数量也很可观，在洪武、永乐年间，军屯数量估计不下六七十万顷，其中很大一部分都是重新耕垦的抛荒地和未曾开发的荒闲地，尤其是北边各镇。军屯的经济效益十分明显，据称“一军之田足以赡一军之用”，“边有储积之饶，国无运饷之费”。③ 总体上看，在中国传统社会中，国家直接控制的可耕土地呈减少的趋势，国家组织的各类屯田的规模都在逐步减小。

(3) 自耕农土地所有制

自耕农土地所有制是中国传统社会中最大量、最普遍的

---

①《唐会要》卷八十三，租税上。

②《陆宣公集》卷二十二章十二。

③ 参见王毓铨：《明代的军屯》第203—204页，中华书局1965年。

土地所有制形式。这种土地所有制实际上是一种小土地所有制，它是把所有权和经营权合为一体的一种农业生产组织结构。战国秦汉之后，这种小农经济成为维系社会经济正常运转的重要力量和坚实基础。孟子所讲的"百亩田、五亩宅"式小型经济组织，李悝所谓的"一夫挟五口，治田百亩"的小家庭，都是这种小土地所有者。土地商品化是自耕农土地所有制广泛存在的经济前提，国家对小农经济提供赋税的依赖则是自耕农土地所有制大量存在的政治保障。在传统社会中，自耕农土地所有制对社会经济和政治有着深远的影响，因此，政府总是通过各种政策措施确保其存在和发展。例如，在清初顺治六年(1649 年)，清政府颁布政令："凡各处逃亡民人，不论原籍别籍，必广加招徕，编入保甲，俾之安居乐业，察本地方无主荒地，州县官给以印信执照，开垦耕种，永准为业。"①清代人讲得很明了："流民安则转'盗'为民，流民散则转'民'为盗。"②国家和政府为着自身长远的利益也要求强化这种经济形式。

但是，自耕农土地所有制由于其生产规模、生存条件、组织结构和运行机制等方面的特殊性，使之表现出一系列不容忽视的时代特征。第一，这种土地所有制形式只能是小规模的，而不可能是大规模的。由于它牢牢地把所有权和经营权结合在一起，因而占有土地的数量受到自身经营能力的制约。在资金、技术等物质生产条件恶劣的环境中，只能寻求

①《清世祖实录》卷四十三。

②《皇朝经世文编》卷三十四。

不断地投入劳动力、加剧精耕细作程度。第二，这种所有制形式是极不稳定的。由于土地有着商品的性能，因而土地的流转速度很快，历史上流传的所谓“千年田、八百主”、“百年田地转三家”等等说法，都是说的自耕农经济的这种特征。一些自耕农通过购买土地上升为富裕农民或地主，更多的自耕农则有可能因丢掉土地而破产。影响自耕农土地所有制稳定与否的因素，主要是自耕农经济本身状态、国家赋税轻重、社会安定程度和自然灾害频率。

2. 小农经济及其土地所有制

个体小农经济的经济、社会优势，推动并加强了中国传统农业经济在生产结构、经营规模和土地占有等方面日趋小型化的倾向。我们惊奇地发现，在中国传统社会中，土地占有规模和数量的大型化或小型化本身都受到社会经济诸多因素的牢牢限制。尤其是土地占有的大型化受到经济结构的限制，因而无法为农业生产的高度发展和农业经济关系的突破提供可能或现实的路径。

在中国传统社会中，农业生产组织结构就是以一家一户为基本生产单位的小农经济结构。这种生产组织不仅为自耕农的小地产经济所遵循，也为地主制或国家制的大地产所遵循。尽管土地所有关系和占有关系有明显区别，但是在生产组织结构上却惊人地一致。自耕农经济本身就是这种个体小农，他们占有数量十分有限的土地，以家庭为生产生活单位，从事小规模的农业生产，是把土地所有权同农业生产经营权统一在同一生产单位的形式；地主土地所有制和国家土地所有制下的租佃农民也是如此，他们本身也是个体小农，一般很少土地或没有土地，主要依靠承租地主或国家的土地进行生产，但仍以个体家庭为生产生活单位。虽然在这里土地所有权和生产经营权是分离的，但其生产组织结构与自耕小农则无二致。家庭成为中国传统农业天然的生产组织单位。

为什么个体小农的生产组织能够成为中国传统农业牢固的生产组织形式，并在相当长的历史发展时期大量存在？一定社会的劳动生产组织形式是受这个社会中多种经济和社会因素制约的。影响并制约中国传统农业的生产组织形式的因素同样是多重的，正是这些因素促使个体家庭这种生产组织形式表现出巨大的优越性。

（1）小农经济是家庭与生产的结合

个体小农经济的生产组织形式是把血缘宗法的家庭同农业基本生产单位合二而一的一种社会经济组织。也就是说，它是既从事人的再生产又从事物的再生产的综合生产组织。这种生产组织特征，还可以概括为既是带有浓厚自然特征的社会结构，又是带有浓厚社会特性的自然结构。

在人类活动的初期，由于社会活动单一和狭小，一般不容易突破大家庭或家族的血缘宗法界域；又由于家庭和家族这种血缘宗法实体是人们首先接受的社会组织，因而也乐于保留这种组织。在中国传统农业社会中，血缘宗法关系始终未被彻底削弱，而是随着社会经济的发展日渐演变，最终形成为一种有效的社会经济组织形式和组织资源。家庭的职能在分殊和增多，成为传统社会中最基本甚至是唯一的生产组织形式。作为生产组织结构的家庭组织在当时具有不可替代的优越性。其一,家庭在传统社会中被用作生产组织结构,使之具有了广泛的经济意义。这种生产组织由于与家庭结构、家庭规模的同一性,因而能够大量存在。也就是说,只要社会条件适合于个体家庭存在,这种个体家庭的经济组织即可以存在。其二,家庭因为既是一种血缘宗法实体,又是一种社会生产单位,所以可以借助非经济力自然形成为一种有机生产单位。家庭关系准则广泛地用来调节生产中的相互关系,维护家庭利益最大化也很容易成为家庭成员的共同目标。其三,家庭是人和物再生产的统一,它既可以根据人的生产状况调节物的生产,又可以按照物的生产规模计划人的生产。中国传统农业利用了家庭这一天然组织形成,是促使其高度发展的决定性因素。

(2) 小农经济的生产效益优势

以个体家庭作为传统农业生产组织形式,在当时历史条件下能够取得最佳的规模经济效益。

在中国传统农业中,社会生产力很不发达,土地特别是宜垦土地数量有限,农业劳动工具十分简陋,木铁复合工具长期使用,可用于发展农业的资金严重匮乏。因此,劳动力在中国一直都被视为发展生产的第一要素。这种以劳动力集约经营的最佳生产组织,就是个体小农的小规模经营。其一,家庭劳动形式同在严格监督下的个人劳动成效很不相同。家庭劳动由于把生产劳动的效果直接同一个家庭的全体成员的生活和生存利益联系在一起,可以起到调动劳动者生产积极性的效果。其二,在农业精耕细作深入发展的背景下，家庭最适合于小规模生产经营。一个家庭会以自己所能推动的土地为尺度，把劳动力与耕地规模紧密结合，使土地得到充分利用，以取得较大的经济效益。其三，低下的生产力水平使通过增加资金和改进技术来发展农业几乎成为不可能，只有通过不断投入人力、发展劳动密集的传统农业才能推动农业的发展。在这种情况下，家庭生产组织则会因农业经济的直接刺激而不断再生产出发展农业所需要的劳动力。

(3) 小农经济的优化劳动组织形式

个体小农经济的生产组织形式也是传统社会最为优化的劳动组织形式。

在中国传统社会中，由于生产力性质和经济发展水平的限制，大的和较复杂的社会生产组织还无法产生，而家庭这种劳动生产组织却表现出它极大的优越性。其一，这种生产组织形式便于组织和管理，家长天然成为家庭从事农副业生产的组织者和管理者。由于家长在血缘宗法上的权威地位及具有较丰富的生产经验，使家长对家庭的生产管理具有权威性和合理性。其二，家庭劳动生产组织倾向于家庭劳动最大化，即人尽其力。家庭成员的利益集中体现在家族的整体利益上，因此家庭劳动势必要求所有的家庭成员都要积极参加各种劳动，各尽其能。男耕女织、老幼参加辅助劳动等都是在这一利益原则下的劳动选择。只要家庭还具有生产意义，它就不能避免这种趋势。其三，这种劳动生产组织还有利于节约劳动，即它具有使劳动支出合理化的功能。个体小农由于规模小、结构简单，较易于安排生产、组织劳动，尤其是家庭副业的发展，都使小农经济的劳动支出趋于合理化，达到节约劳动的目的。其四，这种劳动生产组织有很顽强的抵御各种灾害的能力。在各种灾害面前，全体家庭成员往往会齐心协力、共渡难关，血缘宗法纽带成为巩固其生命力的重要因素。

综上所述，正是以一家一户个体小农经济为特征的传统农业生产组织形式的这些特点，使其在中国传统农业经济中具有了明显的经济优势和顽强的生命力，因而它得以长期延续并不断发展。

3. 租佃制及其经济关系

在中国传统社会中，最主要和最典型的土地经营形式是自耕农的小土地经营、地主土地的租佃制经营和国有土地的租佃制经营。

(1) 普遍实行的租佃制

中国传统农业经营有两大特征。一是地主和国家土地采取的经营方式同为租佃制。也就是说，占有大量土地的地主和国家一般不直接从事农业生产的经营和管理，而是把这些土地出租给无地或少地的农民去经营。租佃制经济关系决定着传统社会经济的基本性质，是最重要的经济关系。二是自耕农、地主和国家虽然是不同的土地占有者，但是它们在经营方面利用的劳动组织形式却惊人的一致，即都是依靠一家一户的个体小农为基本经营和生产单位。自耕农经济把所有权和经营权统一于一体，以家庭为单位，利用十分有限的土地从事小规模农业生产；地主土地所有制和国家土地所有制下的租佃经营，虽然是所有权和经营权分离的形式，但是仍必需依赖个体小农从事生产活动。

租佃制是中国传统农业经济关系中最典型的经济形式。在传统社会前期发展得还不很普遍，经济关系也不是很纯粹，特别是其中还存在不同程度的人身依附关系。例如，在东汉魏晋南北朝时期的大庄园经济中，租佃关系还伴随着严重的人身依附。东汉末年仲长统曾说："井田之变，豪人货殖，馆舍布于州郡，田亩连于方国。""豪人之室，连栋数百，膏田满野，奴婢千群，徒附万计。"①尤其是在兵荒马乱的魏晋南北朝时期，许多农民只得投奔到豪强门下，已取得自保。唐宋以降，租佃关系迅速发展和普遍化，比较纯粹的租佃关系也广泛出现。北宋时期，纯粹的租佃制基本已经定型了。宋代苏洵曾说："井田废，田非耕者之所有，而有田者不耕也。耕者之田资于富民，富民之家地大业广，阡陌连接，募招浮客，分耕其中。……田之所出，已得其半，耕者得其半。"②宋朝法律规定，佃户在完成当年的收成之后，经与地主协商，可以解除租佃关系，佃户可以自由离开原租佃地主，选择承租其他地主的土地，原租佃地主不得无理阻拦。③ 这种租佃制的具体方式，即地主或国家把所占有（或所有）的土地租让给无地或少地的租佃农民，通过双方订立租佃契约，确立出租者和承租者二者之间的租佃关系以及双方所承担的责任与义务。承租者据此经营所承租的土地，掌握一定时期内土地

① 仲长统：《昌言》"损益篇"、"理乱篇"。

②《嘉祐集·田制》。

③ 见《宋会要辑稿》食货1。

的经营权，出租者基于对土地的占有权或所有权，按照契约规定的份额占有经营者一手经营的劳动收获中的相当一部分作为报酬，即实物地租。地租收取有定额制和分成制两种。

地主和国家广泛采取租佃制而没有向直接经营土地方向发展的基本原因，一是由于个体小农经济本身所表现出的多方面的经济优越性，二是由于大土地所有者一直没有找到也不可能找到适合于自己经营的最佳方法。在中国传统社会中，存在着大地产的土地占有，却未能出现大规模的土地经营。大地产小经营，这种占有和经营方式的反差，成为中国传统社会经济中的一大奇观。

(2) 租佃制的经济性

租佃制经营是中国传统社会中最有利、最获益的土地经营形式。由于地权不稳定且变动很大，由于没有很强的人身依附关系，以及追求土地收益最大化等因素，使适合于小农经济的租佃制经营取得了统治地位。

首先，租佃制经营使土地所有者能够脱离农业生产和经营活动。土地所有者不必直接组织和管理生产经营活动，只要控制土地所有权，便可坐享其成。这对于土地所有者而言，是一种既省心又省力的剥削方式。这就加剧了中国传统社会中追求土地的趋势："夫治生之道，不仕则农；若昧于田畴，则多匮乏。只如稼穑之力，虽未逮于老农；规划之间，窃自同于'后稷'。"①尤其是在科举制兴起之后，人们讲求"耕

①《齐民要术·杂说》。

读传家”,希望进可以出将入相,混得一官半职;退可以求田问舍,过着无忧的生活。土地就成为其最基本、最稳固的经济基础。

其次,租佃制经营扩大了土地所有者的剥削对象。受剥削的绝不仅仅是土地承租者个人,而是其全部家庭成员,这势必促使剥削最大化趋势。在雇佣制和劳役制下,剥削的对象是雇工或农奴个人,家庭成员一般不受剥削;而租佃制则不同,由于家庭成员都必须参加直接或间接生产劳动,土地收获中包含着全体家庭成员的共同劳动。因此,地租也必然包括租佃者个人和家庭成员的劳动。

再次,租佃制经营势必导致地租最大化,与此同时,地主在土地上的生产投资却趋于最小、经营土地的风险承担也较小。在租佃制经营条件下,土地所有者对土地的生产投资,包括工具、种子、资金等都趋于最小。土地一旦出租,生产过程便由租佃农民负责,土地所有者一般不会过问。个体小农依靠土地以维持生计,所以总是千方百计地增加农业投入以提高产量。虽然在极为有限的条件下,这种投入更多地表现为劳动力要素的投入。这种情况在精耕细作农业日益加深的情况下,越来越如此。

最后,租佃制经营使土地所有者对租佃农不负任何其他非契约关系的责任,既无经济扶助的责任,也无政治保护的责任。土地所有者可以通过抬佃、转佃、夺佃等方式提高地租、加重剥削程度。任何人都可以通过签订契约结成租佃关系,一旦契约被废除,租佃关系也就宣告结束。在这种租佃关系中,土地所有者往往占据着主动地位。实际上,许多地主并不是不关心生产过程，为了增加收获，他们还是不断地对生产过程进行监督。宋朝袁采说："人之居家，凡有作为及安顿什物，以至田园、仓库、厨、厕等事，皆自为之区处，然后三令五申，以责付奴仆。"①

正是因为如此，租佃制经营在中国传统时代长期存在并日益完善。董仲舒讲秦汉时代租佃制是"或耕豪民之田，见税什伍"。明清依然如故，明朝末年张履祥在《补农书》中讲："吾里田地，上农夫一人止能治十亩，故田多者辄佃人耕植而收其租；又人稠地密，不易得田，故贫者赁田以耕，亦其势也。""佃农终岁勤动，祁寒暑雨，吾安坐而收其半。"在明清史料中这类记载比比皆是。

(3) 租佃制的深远影响

租佃制的盛行对中国传统社会产生了广泛而深刻地影响。仅就其直接影响而言，便可窥见一二。

首先，它使中国地主阶层日益向非生产化、非农业化和非经济化发展。这无疑对当时的政治、经济、文化都产生了深刻影响。非生产化是指地主阶层日益脱离生产活动和经营管理，转化为坐享其成、追求奢侈消费的寄生阶层。许多"田主深居不出，足不及田畴，而不识佃户"。地主所关心和追求的是投入最小化、收益最大化。追求土地的狂热使地价日趋抬高，土地投入的恶化使生产维艰维难。非农业化是指地主阶层把大量地租等财富投向其农业部门，如时机一到，便热衷于投资于商业、高利贷领域，而并不向农业投资。这

① 《袁氏世范》卷下。

无疑加剧了农业投入不足和投入要素严重畸形的状态。非经济化是指地主总是努力寻求摆脱单纯经济生活通过科举或其他方式向政权机构、政治领域或其他非经济领域转。很少有地主是热衷于农业经营活动的。

宋朝袁采曾为士大夫子弟的职业选择提出过这样的建议："士大夫之子弟，苟无世禄可守，无常产可依，而欲为仰事俯育之资，莫如为儒。其才质之美，能习进士业者，上可以取科第、致富贵，次可以开门教授，以受束脩之奉；其不能习进士业者，上可以事笔札代笺简之役，次可以习点读为童蒙之师。如不能为儒，则医卜、星相、农圃、商贾、伎术，凡可以养生，而不至辱先者，皆可为也。"[①]可见，最为理想的职业选择还是"学而优则仕"。

其次，它使中国的租佃小农经济境况十分悲惨。承租土地，缴纳高额地租，使租佃小农的农业生产条件不断恶化，而单纯依赖大量投入劳动力的补救办法又加剧了这种恶化趋势。租佃小农的经济力量十分有限，抗御各种天灾人祸的能力低下，一有风吹草动，便可能破产，这使广大租佃小农很难摆脱仅仅维持生命的低下的生活水平。而一旦大量小农破产，便势必危及并动摇传统政治统治的基础，引起社会动荡。中国传统社会周期性震荡的深刻原因即在于此。

4. 土地所有权结构及其变动

农业是中国传统社会最主要的生产部门，由于农业生产

① 《袁氏世范》卷中。

对土地的依赖性，所以土地对农业生产有着决定性的意义。在中国传统社会中，土地是最稀缺的经济资源和最主要的生产资料，占有更多的土地是为人们所追求的经济目标。在宋代，"士大夫一旦得志，其精神日趋于求田问舍"①。而且这种对土地的无限占有欲望还被提升为一种处世哲学："人生不可无田，有则仕宦出处自如，可以行志。不仕则仰事俯育，麤了伏腊，不致丧失气节。有田方有福，盖'福'字从田。"②养成了一种深深的追逐土地的"地癖"。

正是由于地权的非凝固化和地产的商品化，使传统时代的各个阶层都梦寐以求地追逐土地，也使各种土地所有制之间存在着相互依存、相互转化的密切关系。在它们之间，没有严格的界限之分，存在着多种转化途径。

中国传统社会中，不仅土地所有制结构有以上的特点，不同于世界其他国家和地区，而且土地占有制的运动机制和运动趋势也明显地不同于世界其他国家和地区。这种土地运动机制形成于中国传统社会，并对中国传统农业经济产生了相当深远的影响。

(1) 土地买卖机制

土地买卖机制是中国传统社会中土地运动的第一种机制。也就是指土地可以作为一种商品、一种能够带来多种利益的资源商品，在土地交易活动中具有交换的功能。土地买卖机制源于土地商品化的性质，并加剧了土地商品化的趋

① 《西园闻见录》4《谱系》。
② 周煇：《清波杂志》11。

势。在中世纪的欧洲,土地不仅是稀缺的能够带来经济利益的资源,而且还是一种政治权力和社会地位的象征。土地的这种经济性质和政治性质,就要求并推动土地所有制和占有关系凝固化。所以,中世纪的欧洲土地买卖被严格禁止,把土地排斥在商品交换领域之外。在那里,土地占有关系的松弛化过程恰恰是其封建社会解体的过程。中国则是另一番景象,土地很早就进入了交换领域,开始商品化。例如,北宋袁采曾说:"贫富无定势,田宅无定主,有钱则买,无钱则卖。"可见,这一时期土地买卖已经是整个社会普遍出现的现象了,人们不以为奇。由于土地占有与政治权力和社会地位的关系松弛,所以土地转换也不意味着政治特权的丧失和社会地位的下降。

土地买卖机制是保证中国传统社会土地高度利用的重要条件,经营者经济条件恶化时便抛售土地以改进生存状态,经济条件好转时便买进土地以扩大经济利益,从而保证土地总是处于较稳定的经营条件和环境中。这必然导致土地带有了某种资本的运动特征。

(2) 土地兼并机制

土地兼并机制是中国传统社会中土地运动的第二种机制。它是指各种社会财富不断地产化、土地占有不断集中化的机制。土地兼并就是土地的集中化过程,是各种社会财富包括商业利润、高利贷利息、地租以及其他财富地产化的过程。土地兼并很早就已产生,董仲舒讲秦汉时期"富者田连阡陌,贫者无立锥之地",就是土地兼并的结果。这种兼并土地的经济活动,几千年来始终没有终止,伴随着整个传统社会经济时代。

促使土地兼并机制发挥效应的因素是多方面的。首先，在中国传统社会中，地主、商人、高利贷者往往是三位一体的，经营土地与经营商业、高利贷之间没有严格的社会限制。这种一身兼数任的情况无疑沟通了农业与其他各业的联系，加速了土地商品化。其次，地产的特殊性质使它具有其他社会财富无法比拟的优势。地产并不是最有利可图的经济投资领域，它所带来的利益并不比商业和高利贷更多更大。但是，土地是财富的良好避风港，所带来的利益虽小，但所承担的风险也小，不需要太多精力投入即可以有相当丰厚的收益。从长远看，地产所带来的利益便是稳定持久和坚实可靠的。中国历史上世代沿袭的财富秘诀就是："以末致财，用本守之"，"理家之道，力农者安，专商者危"。再次，地产并不是财富运动的终点，在时机成熟时，地产又会转化为商业、高利贷资本，这种可逆性也使人们把购置地产当作闲置商业资本或高利贷资本的最佳流向。这一切都可以通过土地买卖机制顺利实现。

(3) 土地离散机制

土地离散机制是中国传统社会中土地运动的第三种机制。它是指通过土地买卖或其他方式，使土地占有规模日趋小型化、分散化的一种趋势。土地离散机制是使中国一直未能出现稳定的大地产的重要原因。促进并推动土地离散机制发挥效应的因素是多方面的。一是小农经济的农业生产组织形式的要求。小型化和分散化的土地占有关系最适合于小农经济，"小户自耕己地，种少而常得丰收；佃户受地承种，种多而收成较薄”。二是长期沉重的人口压力,其结果必然是使有限的土地资源占有日趋支离破碎。中国传统社会经济的一大特点就是养育了庞大的人口,而人口就业又对农业经营活动产生巨大影响,其结果就是土地经营日趋小块化。三是政府沉重的赋税剥削也使农民无力或不愿承担超过自己经营能力的更多土地。对于自耕农和租佃农民来说,土地多不一定收益多,来自政府和地主的赋税剥削往往是终年辛劳难有剩余,更不要谈积累了。四是中国的诸子继承制也加速了土地的小型化和分散化。因此,中小地主和小自耕农土地所有制在传统社会土地占有关系中,总是处于绝对优势的地位。

小地产和土地小规模经营所带来的问题,是它始终无力出现地产经营的质的突破,从而成为孕育新的经济关系的母体。小地产很难形成在资金和技术上高度集约的新的经济力量,也不可能建立起复杂有机的新经济关系,来自任何方面的冲击都有可能导致其破产。战国时李悝曾经给个体小农家庭的生产经营算过一笔账,其结论是小农“常困,有不劝耕之心”。西汉鲍宣则讲得更甚,小农有“七亡七死”,几乎没有生路。从中可见小农经济是极为悲惨的。

总之,在中国传统社会中,土地是被人们无限追求的稀有财富形式。但是,土地运动始终没有能够带来传统农业经济结构的变化和突破。三种土地运行机制并发作用的结果,造成了土地占有关系的剧烈振荡。这种剧烈振荡,不断孕育形成为极不稳定的大地产,又不断导致支离破碎的小土地所有制,聚复散,散又聚。诞生新的经济关系和经济力量的希望,就在这种循环往复中化为泡影。

五、庞大的灌溉系统和水利设施

数千年来，政府和民间投资最大、用工最多、持续时间最长的工程，就是水利设施和水利工程。

水利是农业的命脉，兴修水利不仅是中国传统农业经营的重要传统，也是重要的支持体系。农业对水资源的依赖最为紧密，中国人喜欢用“水土”二字来指代环境和自然，大概也反映出农业与水利的重要性。《管子》中说：“夫民之所生，衣与食也；食之所生，水与土也。”①水与土是农业生产最基本的生产资料，二者缺一不可。而水对于土地来说更是十分重要，土地能否开垦成为耕地，能否适宜于农业生产，关键还是依靠水。令人震惊的是，在浙江良渚文化遗址考古中，人们发现了大约距今5000年的良渚古坝遗址，它由山地（上坝）堤塘、山麓（下坝）堤塘和平原（古城）城墙组成，其中上坝堤塘主要提供蓄淡和灌溉之用，下坝堤塘主要为了挡潮拒咸和蓄淡灌溉之用，莫角山古城城墙也能起到防洪挡潮的作用。可见，中国古人对于水利事业的深刻认识和娴熟运用，大大超过了以往人们的想象。

中国传统农业在两千多年的发展中，积累了丰富的用水

---

①《管子·水地》。

节水经验与做法，修建了许多宏大的水利设施和水利工程，兴修了大量不同规模的农田灌溉系统。这些水利设施和灌溉系统不仅拓展了传统农业日益广阔的发展区域，而且保障了传统农业日益精耕细作的发展趋势。因此，了解中国传统农业，就必须了解传统社会的水利设施和灌溉系统。

1. 传统社会中的治水活动

由于中国传统农业最早是从黄河流域发展起来的，黄河流域成为中国传统农业的摇篮；长江流域的传统农业形成稍晚于黄河流域，但却为传统农业的深化和扩展提供了最适宜的发展空间，为传统农业的持久发展奠定了牢固的基石。北方旱作农业体系是传统农业前期主要的产业形态，南方稻作农业体系是传统农业后期主要的产业形态，两种农业体系对水资源的依赖都十分紧密。在中国传统农业发展历程和实践经验中，始终是把水与土放在同等重要的地位。与对土地的精耕细作相适应的，是对水资源的整治和开发利用。冀朝鼎在《中国历史上的基本经济区》一书中，统计分析了中国传统社会中治水活动的历史数据，提出了“中国治水活动的历史发展与地理分布的统计表”[1]，结合中国历史上的治水实践和史实，我们可以看出中国传统社会治水的一些特点。

(1) 治水活动是国家重要职能

中国传统社会治水活动是国家的重要职能之一，历代王朝都把治水作为其大型公共工程的基本内容。从美好的历

---

① 冀朝鼎：《中国历史上的基本经济区》第40页，商务印书馆2014年。

史传说“大禹治水”开始，治水几乎成了历代贤明君主有所作为的基本要求。历代王朝都设立了专门掌管治水的机构和官员，例如，司空“掌水土事”，“凡四方水土功课，岁尽则奏其殿最而行赏罚”。①秦汉以降，几乎各朝各代都设有专门管理水利事务的官员，虽然早期官职不是很高，但是其职守明确，专司水利。宋代以来，由于黄河水患日渐严重，黄河治理日益重要，开始由钦差大臣或中央官员管理治河事务。明清时期基本上延续了这种惯例，治河事务一直是政府的重要工作，清代更是设有河道总督，最多时设有三个河道总督管理河务。这些管理水利事务的官职设立和变化，从一个侧面反映出了治理黄河河患和发展水利事业在传统社会中的重要性日益提高。

古人总是把水利事务作为国家“农政”的重要方面。例如，《王祯农书》中说到：“方今农政未尽兴，土地有遗利。夫海内江、淮、河、汉之外，复有名水数万，枝分派别，大难悉数。内而京师，外而列郡，至于边境，脉络贯通，俱可利泽，或通为沟渠，或蓄为陂塘，以资灌溉，安有旱暵之忧哉。”他还讲：“灌溉之利大矣，江淮河汉及所在川泽，皆可引而及田，以为沃饶之资。”

(2) 治水活动日趋增多

中国传统社会治水活动由少而多，随着中国传统农业的深入发展而显著增加。大约从战国到清代，有记载的中国各地治水活动约有 7372 项(次)，但是不同时期治水活动的频

---

①《后汉书·百官志》。

次不同。从治水活动的发展趋势来看,频次随着时间的推移而不断增多,越是到了晚近时期则治水活动越是频繁。战国秦汉时期约600余年治水活动为65项(次),三国魏晋南北朝时期约370年左右治水活动为60项(次),隋唐五代时期约370余年治水活动为294项(次),两宋时期约320年左右治水活动约1110项(次),金元时期约250余年治水活动为333项(次),明清时期约540余年为5504项(次)。可见,从宋代开始,治水活动大幅度增加,仅明代就有2270项(次),清代高达3234项(次)。当然,这一统计数据因为依据的是历史文献和历史记录,应该存在一定的误差,但是治水活动的这一发展趋势是不容置疑的。

李约瑟根据这一数据,计算出了各个朝代工程数的年平均值,从中可以对各个朝代治水活动的频次一目了然。①

朝　代	每年所完成的工程数	朝　代	每年所完成的工程数	朝　代	每年所完成的工程数
周、秦	0.0175	隋	0.932	金	0.166
汉	0.131	唐	0.88	元	3.50
三国	0.545	五代	0.245	明	8.2
晋	0.110	宋	3.48	清	12.0
南北朝	0.118				

(3) 黄河流域与长江流域的治水

中国历史上的治水活动前期主要集中于黄河流域,后期主要集中于长江流域和长江以南地区。前期主要是围绕着

① 转引自冀朝鼎:《中国历史上的基本经济区》第41页注释2,商务印书馆2014年。

黄河和黄河流域的河流进行的治水活动，包括两个方面的内容：第一个方面是因为黄河流域为北方旱作农业的发祥地，因为水资源相对匮乏，在这里最早栽培和种植了各种耐旱作物，最早的灌溉系统也几乎都是在这些地方出现的。旱作农业对水资源的需求相对较少，但是仍然需要有足够的灌溉能力才能保证其发展，自古以来沿河各地就发展起了一套水利灌溉系统，这些灌溉系统很好地运用了黄河及其他河流的水源，促进了旱作农业经营方式的确立。第二个方面是因为防御和治理黄河的季节性涨水，是政府和沿河百姓的重要职责。黄河给两岸百姓带来的是复杂的情感，黄河季节性涨水带来的泥沙既可以肥田增产，又可以冲洗盐碱，从而保证了两岸广袤的肥沃土地。但是河水的季节性泛滥又造成了农业的破坏和家园的损毁。所以，黄河流域旱作农业生产必须处理好防治水灾和引水灌溉的关系。从陕西、河南、河北、甘肃等北方旱作农业地区治水活动占全国治水活动总量的比例可以看出，大约战国秦汉时期为 51 项(次)，占 78.5%；三国魏晋南北朝时期为 26 项(次)，占 43.3%；隋唐五代时期为 124 项(次)，占 42.2%；两宋时期为 78 项(次)，仅占 7%；金元时期为 82 项(次)，占 24.6%；明清时期为 2014 项(次)，占 36.6%。

后期主要围绕着长江流域和长江以南地区的江河湖泊展开的各类治水活动。长江流域和长江以南地区江水蜿蜒、河湖丛生，水资源相对比较丰沛，这种自然条件十分有利于水稻和其他对水资源需求较大的作物栽培种植。但是这些地方控制水患、防治水灾的任务却比较繁重。自古以来这一区域的治水活动不仅形式多样，而且呈现了不断增长的趋势。长江流域和长江以南地区治水活动的增长同这一区域的农业开发进度有着紧密的关系，越是传统农业的开发程度加深，治水活动也就越是频繁和深入。仅以江苏、安徽、浙江、江西、湖北、湖南治水活动为例，大约战国秦汉时期为 12 项(次)，占 18.5%；三国魏晋南北朝时期为 32 项(次)，占 53.3%；隋唐五代时期为 109 项(次)，占 37.1%；两宋时期为 514 项(次)，占 46.3%；金元时期为 139 项(次)，占 41.7%；明清时期为 2436 项(次)，占 44.3%。

(4) 多样化的水利设施与水利工程

中国传统农业水利设施和水利工程日益多样化，既有大规模兴修的水利工程，也有各种规模不等的小水利设施。中国的自然环境丰富多彩，不仅拥有多样的江、河、湖、海等地面水资源，而且拥有各类地下水资源。人们根据不同的自然环境和生产生活需要，探索出了不同的治水用水方式，使治水用水出现了不同的类型。归纳起来大致具有这样几种类型:一是对黄河的治理和运用，自古以来就是中国北方经济生活中的绕不开的重大问题，涉及政治经济社会各个方面，治理黄河、实现海晏河清是政府和百姓的共同理想。二是北方地区的水利灌溉设施，主要解决农业生产对水资源的依赖。历史上北方兴修的水利工程几乎都具有明确的农田灌溉功能，例如，漳水十二渠、郑国渠、白渠等等。三是南方地区的水利设施，通常都具有排水、蓄水功能，既能排涝，又能灌溉，如在南方地区大量出现堤、堰、陂、塘等多种水利基础设施，这些水利基础设施几乎都是为了保证传统农业的生产和生活而建设的。四是沿海地区修筑的堤防等,这些堤防很好地保护了沿海地区的农田,维护了沿海地区的农业生产和生活。例如,钱塘江古海塘就被誉为“捍海长城”,经过历代劳动人民的修建,塘高 6—7 米,全长达 300 多公里。据历史记载,在五代十国时期吴越王钱镠修筑了钱塘捍海石塘后,使农田不再受海潮侵蚀又能得到灌溉,“由是钱塘富庶盛于东南”。

此外,还要特别指出的是,中国传统社会的水利工程还有连接各地经济交流、构筑国家统一基石的重要意义。例如,邗沟就是春秋晚期吴国开凿的沟通长江与淮河的人工运河,它从今天的扬州向东北凿渠引长江水到射阳湖,再经过射阳湖延伸到今天的淮安注入淮河。鸿沟则是战国中期魏国开凿的沟通黄河与淮河的人工运河,位于今天河南荥阳,西自荥阳以下引黄河水向东,流经中牟、开封向南,入颍河通淮河。这两条人工运河的开凿,有效地连接了南北各区域之间的经济交流,第一次沟通了黄河、淮河和长江三大水系。

2. 北方旱地农业的水利事业

农业离不开水,北方旱地农业对于水的依赖尤其强烈,对水利建设的需求也十分急迫。相对于南方江河湖泊等水资源十分丰沛的状况,北方地区则缺少河流山川湖泊等水资源,许多河流山川都有明显的季节性,往往雨水集中的时候还会带来洪涝灾害,这都给发展农田水利事业带来了极大的不便。但是中国的先民们很早就创造了北方旱作农业的水利设施和水利系统,确保了北方旱作农业的发展。

两千多年来，北方地区大规模实施治河工程，发挥黄河水资源溉田肥田功能；普遍修筑隄梁渠道系统，解决旱作农业对水资源的需要；不断开拓和开发山川河流湖泊，大量肥田沃土被垦殖为农田等等。这些都有效地改变了北方旱作农业的面貌，为传统农业向纵深发展创造了条件。

（1）引黄灌溉设施与工程

治河工程具有多方面的意义，其中也有为了更好地发挥黄河水挟带泥沙较多这一特点的意义。引黄河水溉田，既可以起到肥田的作用，又可以冲刷耕地盐碱。西汉末年，被誉为“习溉灌事”的张戎在谈到治理黄河困难时，还专门提到希望民间减少引黄河水溉田，从而确保河水湍急和河道畅通，以解决黄河泥沙沉积、河床抬高问题。他说：“水性就下，行疾则自刮除成空而稍深。河水重浊，号为一石水而六斗泥。今西方诸郡，以至京师东行，民皆引河、渭山川水溉田。春夏干燥，少水时也，故使河流迟，贮淤而稍浅；雨多水暴至，则溢决。而国家数堤塞之，稍益高于平地，犹筑垣而居水也。可各顺从其性，毋复灌溉，则百川流行，水道自利，无溢决之害矣。”[①]说黄河“一石水六斗泥”显然有些夸张，但是从中可见沿河两岸百姓利用黄河水泥沙含量高这一特点，引水溉田肥田的情况十分普遍。

在汉代，黄河流域的引水溉田已经相当普遍。汉武帝时河东郡守番系上书，建议修渠引汾水灌溉皮氏、汾阴两地农田，引黄河水灌溉汾阴、蒲坂农田，曾经使原黄河两岸不能耕

① 《汉书·沟洫志》。

种的五千顷土地变成可耕农田，一度每年增收谷二百万石。[①] 在黄河中上游也有引水溉田的记载，“朔方、西河、河西、酒泉皆引河及川谷以溉田”[②]。汉代以后各朝代，都延续了引河溉田的做法。明代周用在《增订教稼书》中说：“治河垦田，事相表里，田不治则水不可治，盖田治而水治也。”“夫天下皆沟洫，则天下皆容水之地；天下皆修沟洫，则天下皆治水之人，水无不治，则田何所不垦？是一举而兴天下之大利，平天下之大患，两得之也。”

（2）农田水利设施的兴修

早在春秋战国时期，中国的水利事业就已经有相当规模了。人们不仅利用江河湖泊灌溉农田，修筑各种类型的水利设施，而且还发挥江河湖泊的运输作用，开凿运河连接各地。与这一时期水上交通运输同时发展的，就是各国都大兴农田水利灌溉工程，“修隄梁、通沟浍、行水潦、安水臧”[③]，把水利设施的修筑作为富国强兵的重要手段。例如，郑国渠、白渠、都江堰都是最为经典的代表。

大约秦汉至隋唐时期，北方旱作农业区域兴修水利工程不曾中断，大大小小的各类水利工程和水利设施纷纷建立起来。西汉时期是水利事业发展比较好的时期，因而传统农业也得到了大发展。例如，汉水流域的南阳地区在西汉时期就出现了稻麦轮作的一年两熟制，这里传统农业很发达。仔细分析就会发现，这里传统农业的发展与当地水利设施的发达

①《汉书·沟洫志》。
②《史记·河渠书》。
③《荀子·王制》。

紧密相关。史载作为南阳郡太守的召信臣“躬劝耕农，出入阡陌，止舍离乡亭，稀有安居时。行视郡中水泉，开通沟渎，起水门堤阏凡数十处，以广溉灌，岁岁增加，多至三万顷，民得其利，蓄积有余。信臣为民作均水约束，刻石立于田畔，以防讼争”①。他在这里主持修筑的著名水利工程是六门堰（又称穰西石堰）和钳卢陂。东汉时期，杜诗曾担任南阳太守，继续对这里的水利设施进行修筑，使南阳的农业与水利发展交相辉映。这才有张衡在《南都赋》里的赞誉：“其水则开窦洒流，浸彼稻田。沟浍脉连，堤塍相輑朝云不兴，而潢潦独臻。决渫则暵，为溉为陆。冬稌夏穱，随时代熟。其原野则有桑漆麻苎，菽麦稷黍。百谷蕃庑，翼翼与与。”在北方传统农业比较发达的地区，历史上往往也是水利事业比较发达的地区。沟渠纵横，灌溉密布，确保了传统农业的发展。

明代徐光启结合时势、人口、土地、水利乃至国防的关系，明确指出：“承平久，生聚多。人多而又不能多生谷也，其不能多生谷者，土力不尽也。土力不尽者，水利不修也。”认为“水利者，农之本也，无水则无田矣”。他建议“能用水，不独救旱，亦可弭旱”，“能用水，不独救潦，亦可弭潦”。他还说：“知六郡之水利修，可以当天下之半。不知天下水利修，皆可为六郡也。”他在这里所说的“六郡”，就是指的经济最发达的苏松常、杭嘉湖。他在《旱田用水疏》中把水利措施分为“用水五法”，无论是“水之源”（泉水）、“水之流”（江河）、“水之潴”（湖泊沼泽）、“水之委”（海潮之淡可灌者）、“作原作潴”

---

①《汉书・召信臣传》。

(水井池塘水库),都可以通过引水来灌溉,只要善于变通,就能达到"田之不得水者寡也,水之不为田用者亦寡矣"。

(3) 利用山川造田肥田

在北方各地,引山川河流之水溉田肥田的做法历史悠久,几乎历朝历代都有记载。北宋神宗熙宁年间(1068—1077年),曾经出现过兴修水利的高潮,从熙宁三年到九年,共兴修农田水利10793处,灌溉民田3611.8万亩,官田19.2万亩。[1] 当时兴农田水利的一个重要的目的就是放淤和淤灌,就是利用北方河流泥沙较多的特点,引水灌溉肥田、冲击造田。所谓放淤就是引泥沙含量较多的河流之水淤田,改善土壤肥力;所谓淤灌就是利用山洪挟带的大量泥沙冲击贫瘠的土地营造良田。例如,熙宁五年引漳河、洺河淤洺州田二十四万亩,六年引滹沱河淤深州田四十万亩,七年引黄河、汴河淤开封等地五十六万亩,八年引黄河、涑水淤河中府田二十万亩,九年引黄河、汴河淤开封及东西沿汴河两岸田一百七十七万亩,引黄河淤永静军田一百二十万亩,引滹沱河、葫芦河淤深州田一百五十万亩,十年引黄河、汴河灌京东西两路田五十八万亩。[2] 仅这些数字之和就达六百四十五万亩,虽有重复,亦可见当时放淤之规模。北方各地都有山洪淤灌,通过淤灌改造贫瘠土壤、围淤造田,更是民间常见的做法,其中尤以山西淤灌最为典型。

从一定意义上讲,水利工程和水利设施不可能一劳永

① 参见姚汉源:《中国水利发展史》,第246页,上海人民出版社2005年。
② 姚汉源:《中国水利发展史》,第247页,上海人民出版社2005年。

逸，而是一个需要坚持不懈修筑、连续不断投入、长期加固维护的事业。古人对此有深刻的认识，明代徐贞明在《潞水客谈》中说："水在天壤间本以利人，非以害之也，惟不利斯为害矣，人实贻之而咎水可乎？盖聚之则害，而散之则利；弃之则害，而用之则利。"他列举了西北地区历史上曾因兴修水利而取得显著经济效益，到明代却水害频发的事实，发问"岂古以为利，而今以为害乎？"指出："西北之地，夙称沃壤，皆可耕而食也。惟水利不修，则旱潦无备。旱潦无备，则田里日荒。遂使千里沃壤，莽然弥望，徒枵腹以待江南，非策之全也。"西北地区干旱的危害十分严重，"西北之地，旱则赤地千里，潦则洪流万顷，惟寄命于天，以幸其雨旸时若，遮畿乐岁无饥耳，此可以常恃哉？惟水利兴而后旱潦有备"。明代北方水利工程和水利设施存在的这些不足，就是因为"北人未习水利，惟苦水害，而水害之未除者，正以水利之未修也"。因而建议北方地区应该学习东南地区发展水利事业。在他看来，"夫雨旸在天，而时其蓄泄，以待旱潦者，人也"。

3. 南方稻作农业的水利事业

长江流域和长江以南地区的传统农业大约是在魏晋南北朝时期开始得到较快的发展，隋唐时期逐渐超过黄河流域成为中国经济发展的中心。这一地区江河湖海密布，历史上多洪涝灾害，有效排水和适时灌溉则是保障当地传统农业生产和生活的重要措施。

这一地区水利设施和水利工程的主要类型：一是长江流域和长江以南地区的排、蓄水设施，既能排涝，又能灌溉，如堤、堰、陂、塘等；二是沿海地区修筑的各种堤防，主要为了防御海水侵蚀和海洋灾害；三是人类开展的各类与水争地的活动，围水造田、围湖造田、围海造田等；四是为了水利事业发展创造出的各类取水工具和技术，化水害为水利。

（1）各类排、蓄水设施的兴修

长江流域和长江以南地区水资源丰沛，十分有利于农业生产和生活。这里有纵横密布的湖泊河流，丰富的自然资源，发展农业生产的条件远远好于黄河流域，关键就是要调节并利用好蓄水、排水的功能，防御洪涝和海水危害。如果说黄河流域水资源匮乏，传统农业还更多的是靠天吃饭的话，长江流域和长江以南地区由于水资源丰沛，传统农业则更多表现为靠人奋斗了。晋代傅玄说：“陆田者，命悬于天也，人力虽修，苟水旱不时，则一年之功弃矣。水田之制由人，人力苟修，则地利可尽。”所以他总结长江流域和长江以南地区农业生产的特点是“天时不如地利，地利不如人事”。①

魏晋南北朝时期，长江流域和长江以南地区是水利设施和水利工程主要集中地区。一是长江、太湖间的灌溉，相继修筑了赤山塘（唐代称绛岩湖）、练湖（又称练塘、丹阳湖）、新丰塘等一批水利灌溉设施，这些湖塘灌溉大量土地并大幅度提高了农业产量，例如，练湖就推动了周边地区“承陂之水，处处而足”。二是钱塘江流域的灌溉，相继修筑了鉴湖、东钱湖、南湖、荻塘、吴兴塘、西湖等一批水利灌溉设施，为这里后来的富庶打下了基础，例如，史称丹阳、会稽一带“一岁或稔，

① 高新民、朱允：《傅玄〈傅子〉校读》，宁夏人民出版社2008年。

则数郡忘饥。会土带海傍湖,良畴亦数十万顷,膏腴上地,亩值一金”。[①] 三是江汉间和汉水流域的灌溉,相继修筑了六门堰、马仁陂等一批水利灌溉设施,这些设施当时都能够溉田万顷,作用十分明显。

隋唐时期,长江流域和长江以南地区的水利设施和水利工程更是得到了进一步的发展,许多年久失修的设施和工程都得到了大规模的修复。尤其是这一区域经济的快速发展,推动着新一轮水利设施和水利工程的修筑。江淮地区有陈公塘、白水塘、富人塘、固本塘等,史称这些水利设施灌溉都达到数千顷,甚至近万顷;闽、浙和苏南地区有练塘、南北谢塘、赤山塘、孟渎、泰伯渎、西湖、大农陂、江堰等,由于这里已经成为全国主要的经济发展区域,农业经济繁荣,水利设施密集,史称孟渎可以灌溉四千顷,大农陂可以灌溉五万亩,江堰可受益农田一万二千顷;沅水流域有永泰渠、津石陂、崔陂、槎陂、北塔堰、考功堰、右史堰等,许多水利设施都可以灌溉千余顷田地。水利设施星罗棋布的岷江流域,这一时期更是得到了较快发展。

北宋王安石推行变法,为了加强农业生产,于1069年颁布《农田水利约束》,要求地方官员就所在地水利事务提出建议。规定:“凡有能知土地所宜、种植之法及修复陂湖河港,或元无陂塘、圩埠、堤堰、沟洫而可以创修,或水利可及众而为人所擅有,或田去河港不远,为地界所隔可以均济疏通者;县有废田旷土,可纠合兴修,大川沟渎浅塞、荒秽,合行浚导

①《宋书·孔季恭传》。

及陂塘堰埭可以取水灌溉若废坏可兴治者，各述所见，编为图籍上之有司。”①据称在此法令颁行之后的七年间，全国兴修水利设施和水利工程一万余处，灌溉农田三十六万余顷。

此后各朝代基本上都是沿袭了两宋的水利设施和水利工程，不断加以维修和整治，使这些水利设施和水利工程继续发挥作用。据记载，大约明代洪武二十八年(1395 年)，全国共有塘堰 40987 处，河 4162 条，陂渠堤岸 5048 处，都已经被开发利用。②

(2) 持续修筑的海岸堤防

在中国的东南沿海地区，影响农业生产和生活的一个重要因素就是海洋潮汐和海水侵蚀，所造成的危害种类繁多，尤其是严重海潮的破坏和海水倒灌的危害。只有持续不断地减少这类破坏和危害，才能确保东南沿海地区的农业生产和经济发展。为此，我们的先民创造出了众多的办法与途径，包括建设堤岸堰陂、斗门闸口等等，这些设施和工程都是我们的先民劳动智慧的结晶。

应该说，遍布在长江流域和长江以南地区的沿海水利设施和海岸堤防，是当地水利设施和水利工程的重要组成部分。隋唐以前，由于这些地区的人口尚不密集，经济开发和农业种植还不很发达，水利设施和水利工程虽然有一些，但是规模和数量还不是很多。隋唐以来，随着沿海地区人口的增加和农业开发的深入，这里的人民在长期的生产生活实践

---

①《宋会要辑稿・食货》。

② 姚汉源：《中国水利发展史》，第 363—364 页，上海人民出版社 2005 年。

中积累了大量的抗击海潮侵蚀、构筑御咸蓄淡的经验，建设了许多重要的水利设施和水利工程。

仅以浙江地区为例，比较有影响的这一类水利设施有：它山堰、木兰陂等，这些水利设施在当时发挥着重要的作用。又如黄岩官河，宋人说它“贯于八乡，为里九十，支泾大小委蛇曲折者九百三十六。其泄水至于海者，古来为埭凡二百所，足以荫民田七十余万亩”[①]。浙江一些地方还在堤、堰上建筑了众多放水和提水的闸门——斗门，用以调节水量。例如，瑞安的石岗斗门可以灌溉农田二千余顷，平阳的沙塘斗门可以灌溉农田四十万亩。还有江东碶闸、茅洲闸、詹家闸、彭山闸、进林碶、长山碶、胡家碶等等。绍兴三江闸也是较为有名的水利设施，建筑它的目的就是减少潮汐和潮水对萧山、绍兴平原农业生产的影响，保护当地八十余万亩农田。

其他地方包括福建、广东等地也都有许多抗击海潮冲击的水利设施和水利工程，这些设施和工程都很好地保护了沿海地区的农业生产生活，促进了当地传统农业的发展。

(3) 与水争地活动的增多

在长江流域和长江以南地区，农业生产与水争地则是唐宋以来的一项普遍存在的经济现象。人口的增多、农业的开发、经济重心的转移等因素，都加速了土地价值的升高。用各种办法增加土地和土地收益，就成了这一时期不可遏制的经济驱动力。

唐宋以来，随着长江下游的经济开发向纵深发展，这里

① 见《浙江通志》收录《重修黄岩诸闸记》。

的传统农业走上了快速发展的道路，其中一个重要标志就是圩田、围田和湖田迅速增多。水利史学者姚汉源也指出："自唐后期至北宋，长江下游今皖南、太湖流域、今苏南有圩田及围田之兴修，还有浙东湖田的垦占，形成治田治水，河道纵横密如蛛网的综合开发。"①

所谓圩田，就是一种十分适合于南方地区、与水利设施紧密连接在一起的农田，它主要是在江河滩地、湖泊淤地筑堤挡水，形成可以耕种并防旱涝之灾的农田。所谓围田，也就是圩田的另一种称呼，《王祯农书》说："围田，筑土作围以绕田也。盖江淮之间，地多薮泽，或濒水不时渰没，妨于耕种。其有力之家，度视地形，筑土作堤，环而不断，内容顷亩千百，皆为稼地。"②所谓湖田，就是在湖泊地区的湖滩淤地上开辟的水田，四周修筑围埝挡水护田。北宋时期范仲淹在1043年上书中谈到圩田之利时说："且如五代群雄争霸之时，本国岁饥则籴于邻国，故各兴农利，自至充足。江南应有圩田，每一圩方数十里如大城，中有河渠，外有门闸，旱则开闸引江水之利，涝则闭闸拒江水之害，旱涝不及，为农美利。"③

明清时期由于长江流域和长江以南地区经济向更高水平发展，中小城市蜂拥而起，人口数量急剧增加，人地矛盾空前突出，各类与水争地的设施大量出现。例如，太湖地区一直以来都是传统农业最为发达的地区，其中一个重要因素就

① 姚汉源：《中国水利发展史》，第238页，上海人民出版社2005年。
②《王祯农书》卷十一。
③《宋史·河渠志》。

是这里的水利设施比较完善。因为这里水高田低,最易受涝。水利设施既要保障水稻等种植作物的用水需要,更要保障出现潦涝时的排水需要。所以,大约在唐代开始就在这里逐步形成了塘浦圩田系统,后来更是表现为“五里七里一纵浦,七里十里一横塘”的水利体系。

明代南方圩垸遍布各地,可谓成千上万。清代圩垸更有官垸、民垸、私垸的区别,也就是说除了官府出面修筑的圩垸之外,私家大户和平民百姓也修筑各类圩垸。

(4) 丰富的水利工具和技术

我们的先民在长期的建造水利设施和水利工程的过程中,创造和发明了许许多多的水利工具和水利技术,成为战胜各类水旱灾害的有力武器。

水利设施和水利工程是一项艰巨的任务,既需要政府给予积极地倡导和支持,也需要长期坚持不懈的进行,更需要各方力量的协同一致。明代《沈氏农书》说:“修筑圩岸,增高界境,预防水患,各有车戽,此御灾捍患之至计,岁奉功令,无容怠缓。”《补农书》中进一步说:“沟渠宜浚也,田功水利,一方有一方之蓄泄,一区有一区之蓄泄,一亩亦有一亩之蓄泄。漏而不知塞,壅而不知疏,日积月累,愈久而力愈难,燥湿不得其宜,工费多而收较薄矣。”“其事系一家者,固宜相度开浚,即事非一家,利病均受者,亦当集众修治,不可观望推卸,萌私己之心。”

根据《王祯农书》的记载,大致可以看出当时中国水利工具和水利技术的基本状况。一是引水溉田,根据田地状况和引水方式,可以分为区田、圃田、圩田、围田、柜田、坝田、架田、葑田、梯田、涂田、沙田、淤田等。例如，架田和葑田就是一种典型的劳动人民的创造，方式就是架木为田，在上面堆放葑泥种植农作物，整个田地都在水上漂浮；柜田和坝田则是环绕一定面积土地，建筑较高的圩岸，将内部水车干种植农作物，这种田可以在较深的水域设置。二是沟洫建筑，通过建筑各类引水排水设施，实现水资源的有效调节，包括水栅、水闸、陂塘、水塘、连筒、架槽、瓦窦、石笼、浚渠、阴沟、水篣等。例如，连筒就是通过较大的竹子连成筒，引水溉田；瓦窦就是以筒瓦相连形成涵管引水；石笼就是用竹笼装上石头，用来巩固圩岸基础等。三是提水工具，根据各地不同的条件，因地制宜，创造出了辘轳、戽斗、刮车、桔槔、翻车、筒车、牛转翻车、水转翻车、卫转筒车、高转筒车、水转筒车等。例如，翻车实际上就是人们常说的龙骨车，使用十分普遍；较为常见的筒车就是运用畜力拉动筒轮，转动筒车。四是水利机械，就是将水资源与引水灌溉、农产品等产品加工结合在一起的设施与技术，包括水磨、水碾、水排、水轮三事、水砻、水转连磨、水击面罗、漕碓、机碓、翻车碓、水转大纺车、田漏等。例如，水轮三事就是在一个轮轴上实现磨、砻、碾三种功能；水转连磨就是通过一个大立轮轴带动若干水碓的设施；水击面罗就是将水磨磨面与以罗筛面结合在一起的设施，等等。[①] 我们的先民们创造的这些工具和技术就是中华文明的重要组成部分。

① 参见姚汉源：《中国水利发展史》，第 393—395 页，上海人民出版社 2005 年。

4. 著名的水利工程

中国传统社会水利工程数量众多，有许多水利工程在长期的经济发展中发挥着重要的作用。这里仅选择几个影响深远的水利工程介绍如下。

（1）引漳十二渠

引漳十二渠是战国时魏国兴修的代表性水利工程，又称西门渠。漳水发源于现在山西的山区，每到雨水集中时期，往往演变成山洪暴发，使所流经地区遭受严重灾害。魏文侯用西门豹（生卒年不详）为邺令，“西门豹即发民凿十二渠，引河水灌民田，田皆灌”①。西门豹采取的方法就是“磴流十二，同源异口”，就是在漳河不同高度的河段上修筑十二道拦水坝，每一道拦水坝引出一条水渠，漳水通过水渠流向不同地方的农田。100 多年后，史起（生卒年不详）担任邺令，继续兴修渠道，“引漳水溉邺”②。邺地一带原多是盐碱地，农业亩产量很低，“魏氏之行田也以百亩，邺独二百亩，是田恶也”。引漳十二渠引来含有大量泥沙和有机质的漳水灌溉农田，从而使邺地成为魏国最富裕的地区之一。当地百姓盛赞道：“邺有圣令，时为史公，决漳水，灌邺旁，终古斥卤，生之稻粱。”③后世各代不断修缮和扩展引漳十二渠水利工程，唐代时期可以灌溉十万亩农田，直到清代仍然发挥着水利灌溉的作用。

---

①《史记·滑稽列传》附褚少孙补西门豹事迹。

②《汉书·沟洫志》。

③《吕氏春秋·乐成》。

(2) 都江堰

都江堰是战国时期水利工程的杰出代表。秦昭襄王时，蜀郡守李冰(约公元前302—前235年)和他的儿子吸取当地百姓治水的经验，经过周密勘察设计，主持修建都江堰水利工程。它是一个把防洪、灌溉、航运多种功能结合为一体的综合性水利工程，由宝瓶口、分水鱼嘴、飞沙堰和大小渠道等组成。首先，宝瓶口修建的目的是要打通玉垒山，将岷江水引向东边，既保证西边江水不再泛滥，又确保东边农田灌溉所需；其次，分水鱼嘴实际上就是分水堤，将岷江分为内江和外江，东边流入宝瓶口的为内江，西边为外江，在涨水季节将大部分江水溢出进入外江，枯水季节则可将60%的江水拦截进入内江；再次，飞沙堰就是采用竹笼装卵石的办法堆筑，在分水堤的尾部修筑了分洪的平水槽和飞沙堰溢洪道，江水超过堰顶时，水中泥沙等会流入外江，外江流水形成的旋涡则可以冲洗泥沙滚石；最后，遍布成都平原的灌溉系统则将江水源源不断输往各地，确保了成都平原的农业生产与生活。

成都平原从此成为富饶的粮仓。史载："蜀守冰，凿离碓，辟沫水之害，穿二江成都之中，此渠皆可行舟，有余则用溉浸，百姓飨其利。至于所过，往往引其水益用溉田畴之渠，以万亿计，然莫足数也。"①都江堰对当地经济发展的促进作用是十分明显的，"岷山多梓、柏、大竹，颓随水流，坐致材木，省功用饶。有灌溉三郡，开稻田，于是蜀沃野千里，号为陆

① 《史记·河渠书》。

海。旱则引水浸润，雨则杜塞水门。故记曰：水旱从人，不知饥馑，时无荒年，天下谓之天府也”。① 时至今日，都江堰仍然发挥着不可替代的灌溉作用。

（3）郑国渠

郑国渠修建于秦始皇统一全国之前，是西引泾水东注洛水的水利工程，长达三百里。郑国渠的修建起因原来并不是为了农田水利，只因当时韩国担心秦国兴兵东征，遂派水工郑国(生卒年不详)到秦国游说，希望秦国因兴修郑国渠水利工程而劳民伤财，无暇东顾。秦始皇识破韩国计谋，本欲诛杀郑国，郑国辩解说：“始臣为间，然渠成亦秦之利也。臣为韩延数岁之命，而为秦建万世之功。”②秦始皇实可谓雄才大略，遂将计就计，于公元前 246 年命郑国主持建设该水利工程，前后近十年时间。史载“凿泾水自中山西邸瓠口为渠，并北山，东注洛，三百余里，欲以溉田”。“渠就，用注填淤之水，溉泽卤之地四万余顷，收皆亩一钟。于是关中为沃野，无凶年，秦以富强，卒并诸侯。”③可见，郑国渠是秦统一全国的重要支撑之一。

（4）坎儿井

坎儿井，主要是中国西北地区，特别是新疆吐鲁番和哈密地区的一种水利灌溉工程。坎儿井发展到今天已经有两千多年的历史了。《史记》有“井渠”的记载，应该就是指的在关中等地开凿的这种坎儿井，《汉书·沟洫志》中记载严熊发

①《华阳国志·蜀志》。

②《汉书·沟洫志》。

③《史记·河渠书》。

卒“穿渠”的故事，“为井，井下相通行水”，深者可达四十余丈。新疆地区出现坎儿井则是由这里的气候和地势条件决定的：一是这里气候干燥，常年缺水，地面水蒸发严重；二是这里地下水资源丰富，地势高低不平，修渠引水工程量大。坎儿井很好地解决了这些难题，它由明渠、暗渠、竖井和涝坝组成，把地层中的潜流引入暗渠，根据需要通过暗渠引至地面，再通过明渠引入农田或涝坝。明渠是地面修建的渠道，暗渠是地下水河道，竖井是挖泥沙和通风的通道，涝坝则可以接收井水以灌溉。坎儿井促进了新疆吐鲁番和哈密地区农业生产的发展，它充分反映了中国劳动人民的伟大智慧。

(5) 它山堰

它山堰始建于唐代大和七年(833 年)，是中国先民在甬江支流鄞江上修筑的御咸蓄淡引水灌溉工程。在未修筑之前，这里沿海的海潮可以沿着甬江倒灌至章溪，海水倒灌导致这一带土地严重卤化，无法开垦为农田。修筑它山堰就是为了御咸蓄淡，阻止海水倒灌的危害，发挥水利灌溉的功能。它山堰由巨石条层层堆积，是上下各三十六级的拦河滚水堰，堰长 113.7 米，宽 4.8 米，高约 10 米。它截断鄞江，使上游章溪水经此分流两路，一路入南塘河而行，一路入小溪港而流，两路水贯穿鄞西平原诸港，作用显著时可以灌溉农田数千顷。

该堰设计独特，还有调节水流和水量的作用。每遇水涝时，水流七分入江，三分入溪；每遇干旱时，水流七分入溪，三分入江。能够保证入溪的水量稳定。此外，还筑有乌金、积渎、行春三碶，发挥着阻咸、蓄淡、引水、泄洪的作用。唐以后各代多有维护，亦是时兴时废。

六、完备的重农政策和措施

任何一个政府的政策目标和原则都不是随意制定或更改的，作为体系和目标的政策不同于为权宜之计而制定的政策措施，它必然反映着这个政府的根本利益要求。也就是说，作为目标和原则的政策体系，必然受它所赖以存在的那个社会的种种制约和影响。一是它无法摆脱社会经济结构的制约和影响。经济结构是社会最基本、最主要的方面，是经济政策服务的对象，因而制约着政策目标的基本方面，使之能够适应并促进经济结构自身稳定和发展的要求。二是它无法摆脱社会政治结构的制约和影响。社会政治结构作为社会关系的集中反映，体现着各个阶层不同的地位关系和利益要求，它理所当然地制约并影响政府的政策目标和原则。三是它无法摆脱在社会中占主导地位的价值观或价值取向的制约和影响。价值观或价值取向不仅反映着人们对社会的认识和理解程度，而且也反映着人们对社会的期望和选择。

1. 农业第一的政策和原则

在中国传统社会中，农业是第一重要的产业政策和思想始终没有动摇。历代王朝执政政策目标和原则的基本出发点与指导思想，就是农业第一，几乎都无一例外地积极奉行重视农业生产的政策，制定一系列措施确保农业生产的正常进行。在传统经济思想中，重农思想也得到了相当的发展，有时甚至是极端的发挥。大约到了西汉时期，已经形成并建立起了一整套重视农业生产的政策体系和措施体系。

（1）传统农业牢固的地位

对农业生产的重视同农业在国家经济中地位和作用的加强有直接关系。战国秦汉以来，由于农业的高度发展，其在经济上的优越性越来越明显，逐渐被社会各阶层所认识，农业也逐渐取代其他各种从经济收益上远远不如农业的经济部门。在这种背景下，重农思想迅速发展起来，特别是随着战国时期各国政治经济改革的进行，重农更是成为当时政治家和思想家的普遍认识与共同主张。管仲、李悝、商鞅等都把提高农业地位、加强农业作用、促进农业发展，当作他们进行改革的主要内容。尤其是商鞅变法，把重农思想和政策推向了极端，其核心思想就是“农战”，将农业和战争紧密地结合在一起。一面大力发展农业生产、扩大垦种面积、鼓励人口增殖和小农经济发展，用以提高和加强国家的经济实力；另一面积极扩军备战，提高军事作战能力，参与国家统一的角逐。秦国的商鞅变法取得了明显的成效，为秦统一全国奠定了坚实的基础。同时，他的重农思想和政策，也为后世历代王朝实施重农政策和措施开创了先河。

在战国秦汉时期形成的农业第一的政策目标和原则，无疑有力地加速了中国传统社会经济的农业化趋势，推动了中国传统农业经济结构的最终确立。虽然由于时代的变化和要求的不同，在宋以后这种农业化趋势已经暴露出其严重的发展局限性。但是从总体上看，在整个传统农业时代，这一经济政策目标和原则始终未变。

(2) 农业第一的政策措施

仅以汉代为例，我们就可以清楚地看出传统社会农业第一的政策目标和原则是通过怎样的方式来实现的。

第一，政府积极推行以农为本的政策，即“劝农政策”。

历代王朝在经济领域，都大力倡导农业的绝对领先地位，提倡以农为本。汉代政论家贾谊指出：农业的地位十分重要，“国以为本，君以为本，吏以为本”，这就是说国家、君主、官吏都要以农业为根本。正因为如此，政府对努力从事农业生产的人给以各种优惠。他建议的优惠措施，一是政府要减除这些人所承担的各种赋役负担，让农民们专心致志从事农业生产，例如，汉朝常常“举民孝悌力田者复其身”；二是政府要通过多种方式对在农业上有贡献或生产粮食多的农民给予奖赏，号召人们向他们学习；三是政府要把各地农业生产的好坏当作对各级地方官员政绩考核的主要内容，所以在汉王朝中央政府的带动下，各级地方官吏也多有劝农之举，诸如兴修水利、推广牛耕、改良技术等等。

第二，政府实行“贵粟政策”，即高度重视粮食生产政策。

政府实行“贵粟政策”，绝不仅仅是从国家重视粮食等农产品生产这个角度来谈的。它集中体现了传统社会政府的基本价值观，即农业既然是财富的唯一来源，那么从事农业生产的人就应当拥有较高的社会地位并享有较高的政治荣誉。许多政治家都深刻地论述过这一问题，汉代晁错讲的最为露骨，他说："欲民务农，在于贵粟；贵粟之道，在于使民以粟为赏罚。今募天下入粟县官，得以拜爵，得以除罪。""爵者，上之所擅，出于口而无穷；粟者，民之所种，生于地而不乏。"利用人们求福避祸的心理推动农业发展。通过实行"贵粟政策"，使政治地位、社会地位同生产贡献紧密联系起来。

第三，政府对农业生产实行轻征税收的政策。

轻征农业赋税是传统社会政府促进农业发展的一项重要的经济政策，往往也成为人们衡量一个政府好坏的标准。征收农业赋税的数量，一方面取决于农业的状况，即农业本身的发展水平以及它所能够提供的剩余产品数量；另一方面也取决于政府的财政需要，农业始终是传统政府财政的主要来源。因此，既要确保农业生产顺利进行，又要维持政府财政的正常运转，就成为传统政府赋税政策的基本前提。汉代"约法省禁，轻田赋，什伍而税一，量吏禄，度官用，以赋于民"。后又改为三十税一。这种轻征农业赋税的做法，时常成为后世王朝所效法的榜样。

第四，政府限制迁徙权和职业选择，确保劳动者专心务农。

农业生产能否正常进行，首先取决于农业生产者与土地的结合是否稳定。如果农业生产者频繁的迁徙和职业选择的频繁波动，将十分不利于农业生产的正常进行。例如，西汉政府就严格限制农业人口外流或从事其他非农经济活动，通过森严的户籍制度和打击流亡的措施，保证这一政策得到切实实施；同时还推动农业生产者与土地的结合，对农业人口由狭乡移向宽乡或垦荒实边，都要求通过政府来积极推动和引导。这一系列政策措施，都把农民牢牢地束缚在土地之上，终生躬耕南亩，不得有见异思迁之想。这一政策措施在此后的两千多年间没有什么大的改变。

第五，政府制定了各种救济赈贷措施、设立常平仓制度。

中国的自然条件周期性变动大，灾害性气候时有发生。小农经济组织由于生产规模小、经济力量弱，所以抵御各种天灾人祸的能力也很低，往往一遇灾害便纷纷破产，条件稍有改善则蜂拥再起。这种极端脆弱性和顽强再生性特点，要求政府提供必要的保护和支持。因此，传统社会政府总是要承担救济赈贷的经济职能，并设立常平仓以调剂农产品丰欠和农产品价格浮动。谷贱伤农，谷贵亦伤农。

第六，政府长期奉行重农抑商、重本抑末政策。

在传统社会中，工商业者虽然可能迅速暴富，拥有大量财富，但是也被政府视为无关轻重甚至有损于社会生产的行业，工商业始终没有得到充分地发展，有时甚至受到抑制和打击。商品经济和建立在这一基础上的文化价值观念，长期被正统的思想传统视为末业异端。重农轻商、重本抑末、贵德贱艺、重道轻器等政策倾向，像巨大的天罗地网，紧紧地束缚住了中国传统社会工商业的发展。例如，汉代限制和打击工商业成为频繁使用的政策措施，不仅不允许商人取得较高的社会政治地位，而且还对他们的财富采取赤裸裸的掠夺。汉武帝实施告缗令，一时间引起全国哗然。史载："杨可告缗遍天下，中家以上大抵皆遇告。""如是富贾中家以上大率破，民偷甘食好衣，不事畜藏之产业。"①其影响之烈，可想而知。

①《史记·平准书》。

总之，这样一整套政策措施有力地推动着中国传统社会经济农业化的趋势，促使传统农业经济结构日益牢固。

2. 天下第一的国家工程

在传统社会经济中，国家最重要的水利工程就是治理黄河，治河也可以称为天下第一的国家工程。

黄河被称为中华民族的母亲河，就是因为黄河流域是中国农业发生和发展最早的地区，北方旱地农业仰赖黄河之水才能生存与发展。孕育了中国农业的黄河流域虽然土质疏松，但是常年干燥缺水，降雨集中在每年的 7—9 月间，集中降雨导致了它的季节性泛滥。所以黄河流域的常年的干旱问题和河水的季节性泛滥问题，始终是困扰整个黄河中下游农业发展的两个重大问题。只有尽量减轻黄河泛滥的危害，发挥黄河之水灌溉的优势，才能确保黄河流域旱地农业的正常发展。正所谓“中国川原以百数，莫著于四渎，而河为宗”①。在数千年治理黄河过程中，我们的先民积累了丰富的经验，取得了突出的成就。

(1) 国家工程：治河

在中国传统社会中，可以列为国家工程的并不多，我们可以列举修筑长城、屯垦边塞、海防边防等等，但是排在第一位的国家工程始终是治理黄河。

治河工程需要强有力的国家动员和数量庞大的人力资源，只有政府有这样的能力，任何社会组织、商人团体、地方

① 四渎指的是长江、黄河、淮河和济水。《汉书・沟洫志》。

富豪都不可能有这样的动员力量。因此,历代政府都十分重视治河,通常都设有专门的机构和官员负责此事。秦朝至唐朝的1000多年里,治河事务主要是依靠各地方政府来承担,中央政府也设有一些官员,例如,秦代设有都水长、丞,汉代增设都水使者、河堤使者,地方郡守官员则必须履行防守河堤职责。隋代设立都水监、少监各一人,唐代在尚书省工部下设水部和都水监水部郎中,还有河堤谒者专司河防。从北宋开始,治河压力加大,治河机构也得到扩充,中央政府和地方政府都设有专门的官员,形成了两级河官相结合的河防体系。金代按照险工所在地将治河划分为25埽,每埽设立散巡河官一人,并按支流分为6片,设立6位都巡河官,当时仅河防兵就达1.2万人。1201年金章宗颁布《河防令》,规定每年六月至八月,为黄河涨水月,各州县必须轮流“守涨”。元代在工部设立侍郎、员外郎,都水监长官治理河渠和堤防、水利、桥梁及闸堰,另设河道提举司,专职负责治理黄河。明代定都北京,中央政府财政来源和边防所需主要依靠江南提供,保漕和治河均为国家大事,通常由尚书、侍郎或者御史主持治河。1471年,工部侍郎总理河道,建立了中央统领河道管理,各司道、州县的管河官各司其职的治河体制。清代沿袭明代做法,定都北京,康熙时期将“削藩、河务、漕运”作为三件大事,在工部设河道总督,下设文、武机构,文职管河道,武职负责修守堤防,并设有若干河防营,每个河防营有数百河防兵,常年驻守在险工段负责修防。

(2) 治河方略:贾让三策与束水攻沙

治河工程也凝聚了我们的先民巨大的智慧和力量,在长期的实践中形成了极为丰富的治河经验和理论。在鲧禹治水的历史传说中，就十分鲜明地记载了他们父子二人不同的治水方法，相传上古时期，黄河泛滥，洪水滔滔，鲧、禹父子受命于尧、舜二帝，分别出任崇伯和夏伯，负责治水。面对洪水，鲧采取的办法就是封堵，但是治水九年而不成；禹接替其父治水，吸取了其失败的教训，改封堵为疏导，治水十三年，“劳身焦思，居外十三年，过家门不敢入。薄衣食，致孝于鬼神。卑宫室，致费于沟淢。陆行乘车，水行乘船，泥行乘橇，山行乘暐。左准绳，右规矩，载四时，以开九州，通九道，陂九泽，度九山”①，取得了巨大成功，获得了后代长久的赞颂，有道“美哉禹功，明德远矣。微禹，吾其鱼乎！”②其实这个传说本身就是人们长期治河正反两个方面的经验反映。

为后世人们津津乐道的还有西汉贾让（生卒年不详）的治河三策。西汉时期，今天的河南地区一度出现河道被侵占、黄河频繁泛滥的情况，为了较为彻底的治河，政府向社会征集方案。公元前 7 年，贾让向汉哀帝提出了治理黄河的上中下三种办法，史称贾让治河三策。贾让对水利和水害的认识超过了前人，他看到战国时期各国都以水为武器，相互伤害的历史事实，很是不幸。“盖堤防之作，近起战国。壅防百川，各以为利。齐与赵、魏，以河为竟。赵、魏濒山，齐地卑下，作堤去河二十五里。河水东抵齐堤，则西泛赵、魏。赵、魏亦为堤，去河二十五里。”各设堤防，相互为敌，不仅无益于

---

①《史记·夏本纪》。

②《左传·昭公元年》。

治水，反而容易造成更大的水灾。

在他看来，治河上策是："徙冀州之民当水冲者。决黎阳遮害亭，放河使北入海。"这样做是因为"河西薄大山，东薄金堤，势不能远泛滥，期月自定"。黄河改道必定会造成一定的损失，"败坏城郭田庐冢墓以万数，百姓怨恨"，但是"濒河十郡治堤岁费且万万，及其大决，所残无数"，如果能"出数年治河之费，以业所徙之民"，这样就既会使河患消弭，又能使百姓安居乐业。他展望说："大汉方制万里，岂其与水争咫尺之地哉？此功一立，河定民安，千载无患，故谓之上策。"

治河中策是："多穿漕渠于冀州地，使民得以溉田，分杀水怒。"具体的办法，一是修石堤、建水门，"淇口以东为石堤，多张水门"；二是修长堤，引黄河水入漳水，在水门以东修长堤，"北行三百余里，入漳水中"；三是在长堤旁多开渠道溉田，"旱则开东方下水门溉冀州，水则开西方高门分河流"。这样可以避三害、兴三利："民常罢（疲）于救水，半失作业；水行地上，凑润上彻，民则病湿气，木皆立枯，卤不生谷；决溢有败，为鱼鳖食。此三害也。""若有渠溉，则盐卤下湿，增淤加肥；故种禾麦，更为稻，高田五倍，下田十倍；转漕舟船之便。此三利也。"当时，沿河各郡治河吏卒数千人，每郡每年治河经费数千万，通过这种办法，使他们"通渠成水门"。"民利其灌溉，相率治渠，虽劳不罢（疲）。民田适治，河堤亦成"。从而达到"富国安民，兴利除害，支数百岁，故谓之中策"。

治河的下策是：上述二策都不能实行，就只能在原来狭窄弯曲的河道上"缮完故堤，增卑培薄"，也就是修修补补，维持现状而已。他这样做的结果只能是"劳费无已，数逢其害，此最下策也”①。

可见，贾让治河的指导思想就是“宽河行洪”。他认为最好的办法，首先就是人为实现黄河改道，长期解决河患；其次就是开渠引水，实现分洪、灌溉和运输等目的，虽然不能一劳永逸，但是可以兴利除害，维持数百年的平安；而他不愿意看到的办法是保守旧堤，年年维修，各种劳动和靡费无穷。后世治河的方案和思路，大概不出这样三种选择。清代王夫之说：“治河之策，贾让为千古之龟鉴”②。

到了明清时期，治理黄河又一次成为政府关注的焦点。此时的黄河流域已经是人口稠密、经济繁荣、城市密集的地区了，黄河泛滥给人民生活和社会经济带来的危害已是汉魏隋唐时期所不能比的了。同样，治河的难度也空前加剧了，决策空间和腾挪空间越来越小。在这种背景下，束水攻沙的主张显现出来。

明末潘季驯(1521—1595 年)就是这一治河方略的重要实施者。他先后四次主持治理黄河和运河，治河前后长达 27 年。他在吸取前人经验和自己实践的基础上，完善了束水攻沙的方法。他深入分析了当时的水利形势，提出了治理黄、海、淮、运的总体思想，“通漕于河，则治河即以治漕；会河于淮，则治淮即以治河；会河、淮而同入海，则治河、淮即以治海”。③ 如何治理黄河？他主张“以河治河，以水攻沙”，认为：“黄流最浊，以斗计之，沙居其六，若至伏秋，则水居其二

① 《汉书·沟洫志》。
② 王夫之：《读通鉴论》卷五。
③ 王锡爵：《潘公季驯墓志》。

矣。以二升之水载八升之沙，非极迅溜，必致停滞。”“水分则势缓，势缓则沙停，沙停则河饱，尺寸之水皆有沙面，止见其高。水合则势猛，势猛则沙刷，沙刷则河深，寻丈之水皆有河底，止见其卑。筑堤束水，以水攻沙，水不奔溢于两旁，则必直刷乎河底。”他还总结了各种修筑大堤的经验，把堤防事务分为遥堤、缕堤、格堤、月堤四种。所谓遥堤，就是距河道较远的堤防，主要是为了在河水暴涨时泄洪之用；所谓缕堤，就是距河道最近的堤防，堤势较低，主要用于束水和防御一般洪水之用；所谓格堤，就是在遥堤与缕堤之间修筑的横向堤防，主要就是防范洪水越过缕堤漫延而冲刷堤防根基；所谓月堤，就是在缕堤险要处修筑半圆形堤防，或修筑于堤外，或修筑于堤内，主要就是巩固河堤堤防。此外，他还主持引淮河之水注入黄河，创设“蓄清刷黄”之法，通过构筑堤堰，抬高洪泽湖水位，蓄拦淮河水，逼水出清口，以清刷黄，冲刷黄河下游河道泥沙。史载“两河归正，沙刷水深，海口大辟，田庐尽复，流移归业，禾黍颇登，国计无阻，而民生亦有赖矣。”

在潘季驯的直接指挥下，一度治河工程进展顺利，取得了显著的成效。史载在他组织领导的第三次治河后，“高堰初筑，清口方畅，流连数年，河道无大患”。束水攻沙成为后世最为重视的治河经验。

3. 牢固的自然经济结构

中国传统社会中政府的重农政策和措施的一个直接结果就是不断强化着中国以传统农业经济为主的自然经济结构，这种经济结构也是中国传统社会长期存在的经济基石。

经济结构是指一个社会中各种经济因素的配比组合，它是社会种种经济关系的总和。它既包括社会的生产力结构和生产关系结构，也包括国民经济各部门、各产业、各地区之间的相互经济关系及比例关系。在任何一个社会的经济结构中，包括许多次一级的经济结构。诸如：反映一定时期生产力系统中不同先进程度的诸技术手段之间的关系和生产力发展状况与水平的，被称为技术结构；反映一定时期不同类别劳动力之间关系和劳动力状况与水平的，被称为劳动力结构；反映一定时期人们对土地和其他社会财富占有关系和形式的，被称为所有制结构；反映一定时期生产力因素在各产业间分配以及它们相互关系的，被称为产业结构。总之，社会经济结构既集中地反映着社会生产力的状况和发展变化，也反映着社会生产关系的状况和发展变化。

中国传统社会是以传统农业经济结构为核心的社会经济形态。传统农业经济结构始终占据统治地位，影响并决定着其他经济因素和经济结构的发展变化。

（1）自然经济特征

任何一个传统社会都必然是具有自然经济性质的社会。中国传统农业社会是如此，欧洲和阿拉伯地区的传统社会也是如此。自然经济是与商品经济相对立的一种社会经济，它是在前资本主义世界中广泛存在的、建立在农业和畜牧业或其他初级产业基础上的传统社会经济。

中国传统社会自然经济性质可以从自耕农经济、地主制经济和国家经济三个层次和方面来考察。

个体小农经济是典型的自然经济。在这种小规模经济中,小农业和家庭手工业紧密地结合在一起,家庭自然地成为生产劳动的牢固组织和生产规模的天然屏障。男耕女织是这种自然经济结构的真实写照。耕织结合、以织助耕不仅能够满足人们维持生存的基本和较低层次的需要,使个体小农家庭与市场的联系降到最低程度;而且也为女性家庭成员的纺织等辅助劳动提供场所,克服因季节劳动量支出的巨大差别造成的劳动力闲置。此外,在个体小农经济中,存在着一种农业排斥饲养业、粮食作物种植排斥和取代经济作物种植的倾向,这些都强化着这种经济结构的自然经济性质。小农经济有限的剩余产品不足以建立起广泛商品经济关系,一直处在风雨飘摇之中,"人小乏,则求取息利;人大乏,则卖鬻田庐"。其理想状态不外是"百亩田、五亩宅"。

地主制经济也是一种以满足自身需要为主要目的的自然经济形式。在中国传统社会中,地主制经济是建筑在小农经济基础之上的,地主制经济离不开租佃小农经济,这种情况在宋代以后更加典型。或者可以说,地主制经济是若干个体小农经济的集合体。地主兼并土地,从事租佃制的土地经营,其经济目的并不是为了经营本身的诱惑,更不是为了从事商品交换活动,而是以自身的消费需要为主要目的。唐代柳宗元的一段话大概反映了中国地主阶层的理想:"有宅一区,环之以桑,有僮指三百,有田五百亩。树之谷、艺之麻,养有牲、出有车,无求于人。"①此外,从地主制经济剥削的实物性、经营方式的寄生性、财富流向的地产化以及非农活动的

① 柳宗元:《送从弟谋归江陵序》。

投机性，都渗透着深深的自然经济性质。

国家经济情况较为复杂，但同样是自然经济性质的。在中国传统社会中，国家赖以生存的经济基础是传统农业，而传统农业则建立在广大的小农经济基础之上。所以，整个国家经济实际上不过是为数众多的个体小农经济的数量组合，自然经济性质的小农则构成国家经济大厦的基石。马克思在讲到法国广泛存在的小农时，形象地称之为是一袋马铃薯，这也很适用于解读中国传统社会小农经济。小农经济并没有在国家层面上形成为性质不同的新的经济组织、经济关系和经济结构。由众多封闭的自然经济因子不可能产生一个开放的国家经济体系。整个国家经济缺乏广泛的经济联系，没有形成开放的经济网络，横向经济联系始终没有充分发展起来。国家的统一局面，更主要是依靠政治力量维系，而不是主要依靠经济力量维系的。商品经济对传统社会的瓦解作用十分有限，其本身也是政府长期抑制和打压的对象。

（2）自然经济结构

中国传统社会经济是一种极为典型的自然经济结构。无论是从个体、局部考察，诸如小农经济、地主制经济、地区经济联系等，都呈现出自然经济的性质；还是从整体、全局考察，如国家经济、国际经济关系等，也同样表现出自然经济的性质。这种自然经济性质突出地表现为以下几个方面的特征：

第一，自给性。

自然经济最基本的特点就是经济活动的时空世界十分狭小，其社会以及社会需要都很不发达，生产活动等经济活动的目的不是为了社会和交换，而是为了满足自身经济实体的消费需要。这种自给性具体表现在生产、分配、交换、消费等经济环节中。从生产角度看，生产和再生产的条件是由经济单位内部准备和蓄积起来的；生产过程是在没有其他经济单位参与的前提下独立完成的；自然分工为主而社会分工不发达。从分配角度看，由于社会劳动的不发达状态和家庭劳动的完备性，使产品的分配状况很落后，家庭内部的共同劳动与共享生产成果的潜在分配形式长期占主导地位。从交换角度看，社会劳动和社会产品的交换活动十分落后低下，而大量存在的交换形式则是家庭内基于自然分工所带来的劳动交换，以及十分有限的家庭剩余产品的交换。从消费角度看，低水平的消费把不同经济单位的联系降到了最低点，消费受着生产力低下的严重制约。这种自给性经济必然导致经济组织和经济结构具有一些封闭性的特征，也就是说各个经济实体之间缺乏丰富的经济联系和有效的相互推动，使整个经济向内深化的内聚力远远大于向外拓展的扩张力。个体的存在并不一定以群体存在为条件，而群体共存则必须以个体存在为前提。

第二，离散性。

所谓离散性就是各个经济组织之间、各个经济地区之间、不同经济部门之间缺乏广泛的经济合作和联系，彼此分散并相互独立的这样一种特性。中国传统社会中，社会生产力不发达，社会分工程度低，各地区、各部门和各生产单位都表现出强烈的自然经济倾向，这就使多层次、多方面的经济联系和经济合作很难发展起来，而维系统一大帝国的主要是政治和文化力量。传统的小农经济是一种基本上不依赖外部其他经济组织提供生产条件的小规模经济,它以家庭为单位进行生产。因而总是保持"鸡犬之声相闻,民至老死不相往来"的社会关系模式,不需要丰富的社会联系和交往。各地区之间的经济差别也不很明显,以农业为主的经济结构随处皆是,这也势必导致区域经济联系并不紧密。例如,京杭大运河作为传统社会连接南北的水上大通道,本应对于沟通南北物流、促进商品经济发展、孕育产生新的经济组织和经济力量发挥重要的作用,然而事实上它更主要的功能就是确保漕粮运输和政府物资需要,其基于国家政治和国防安全的目的显而易见。国家作为一个整体性很强的经济组织同样也是如此,在其内部分布着为数众多的相对独立、互不联系的经济因子。国家宛如装马铃薯的布袋,而彼此缺乏有机联系的经济因子就是袋中的马铃薯。这也是为什么在中国传统社会中,一旦中央政府政治权威衰落,便必然出现分裂局面的基本原因。比较政治需要来说,经济需要对巩固统一的作用是相对微弱的。

第三,稳定性。

稳定性就是指的其经济结构和组织、经济发展和变化总体上比较缓慢,从长期来看稳定性很高。自然经济性质的经济结构往往在其组织和结构方面导致稳定性,或者说这种经济结构的常态便是处于一种相对持久稳定的状态之中,它不特别需要并会强烈排斥外部经济因素和经济力量的输入,使其内部各部分之间达成一种稳定的组合。这种稳定性结构能否变化则取决于系统内部变化的剧烈程度和系统外部力量的冲击力强弱。在中国传统社会中，内部的变化和外部的冲击都没有能够动摇这种稳定的经济结构。中国传统社会经济总体上处于一种较低水平的发展状态，特别是两宋及以后更多地呈现出向内发展的特征。几千年来并未出现社会经济组织和社会经济结构的深刻变化，这绝不是说中国传统社会经济没有总量上的增长，实际上它取得了传统时代世界上最值得称道的成就，但是就其经济组织和结构来说，变化却很不够。可以说，中国传统社会中，经济的量的大幅波动性和经济的质的超稳定性总是巧妙地结合在一起。

第四，同构性。

所谓同构性就是指各种不同层次、不同规模的经济组织在组织结构上具有同一性或相似性。中国传统社会经济的这种同构性特点主要表现在这样几个方面：一是家际同构性，也就是每一个小农经济生产组织在其组织结构上具有同一性或相似性。很明显，以家庭为生产单位的小农经济所利用的经济组织结构，都无一例外的是家庭组织形式。家庭是天然的小农经济的生产组织形式。二是区域同构性，即全国各地区的经济发展水平和程度可能会有差别，例如，北方旱作农业地区的经济发展与南方稻作农业地区的经济发展确实存在着很大差别，但是其经济组织和结构却具有同一性或相似性。三是家国同构性，即国家组织和家庭组织在经济组织与结构上也存在着同一性或相似性。国家与家庭在许多方面具有惊人的一致之处。家庭经济结构是一种封闭、稳定和离散的组织结构，国家经济结构也是如此；家庭经济结构主要是由耕织结合而很少依赖其他外部经济的组织结构，国家也近似于如此。这种家国同构性很典型地反映出中国传统社会经济的自然经济性质。

总之,中国传统社会的自然经济特征表现得十分突出,成为中国传统社会的重要特征。犹如白居易在《朱陈村》中所描写的那般:“徐州古丰县,有村曰朱陈。去县百余里,桑麻青氛氲。机梭声札札,牛驴走纭纭。女汲涧中水,男采山上薪。县远官事少,山深人俗淳。有财不行商,有丁不入军。家家守村业,头白不出门。生为村之民,死为村之尘。田中老与幼,相见何欣欣。一村唯两姓,世世为婚姻。亲疏居有族,少长游有群。黄鸡与白酒,欢会不隔旬。生者不远别,嫁娶先近邻。死者不远葬,坟墓多绕村。既安生与死,不苦形与神。所以多寿考,往往见玄孙。……”

这是多么悠然自得的生活场景啊!

七、势不可挡的农业扩张进程

中国传统农业长期存在着向内发展和向外发展的强大动力与巨大空间，而这恰恰就是中国传统社会经济长期存在的奥秘。中国传统农业向北的扩张并不是十分顺利，由于气候的原因而在与畜牧业争夺土地资源的过程中，把畜牧业区域改造成为农业种植区域，往往历时很长、成本很高，也很不容易巩固下来。传统农业向南方的扩张总体上说十分成功，春秋战国时期长江流域和长江以南大部分地区并不很适合于传统农业的发展，人们对于当地自然环境的许多障碍还无力克服。大约魏晋南北朝时期以来，随着大量人口南下对当地自然环境的改造和长江流域稻作农业的发展，传统农业向这里的扩张日益顺利。

尤其需要看到的是，历代王朝都积极推进国家经济的农业化进程，农业在整个社会经济中的地位不断提高和加强。这是因为，农业生产的好坏和小农经济的状况，直接关系着传统社会国家的兴衰和社会的稳定。政府经济政策的基本出发点，一是确保农业生产顺利进行并不断发展扩大，从而保证国家的基本财政来源和粮食供给；二是积极扶持小农经济，使小农经济能够顺利而有效地从事正常的农业生产，以维持社会的稳定与发展。实际上，战国秦汉以降，小农经济以其较小的规模和较强的生命力始终是最重要的经济发展与经济稳定因素，其数量和存在状况直接影响到传统社会经济能否正常顺利并切实有效地运转。因此，传统社会政府总是把加强农业生产、扶持小农经济放在经济政策的最高位置，推动社会经济日趋农业化。

农业发展好坏与国家富强程度之间关系十分紧密。《管子》中说：看一个国家经济是否好，看一看这个国家的农业状况就可以了，“行其田野，视其耕耘，计其农事，而饥饱之国可以知也。其耕之不深，耘之不谨，地宜不任，草田多秽，耕者不必肥，荒者不必墝，其野草田多而辟田少者，虽不水旱，饥国之野也”①。中国传统农业在其发展中大概可以总结和描述为三次扩张。

1. 第一次传统农业扩张进程

传统农业的第一次扩张就是以北方旱作农业为主的传统农业的形成和确立，以及传统农业向黄河流域的扩张。

中国传统农业的形成既是历史和经济发展的自然过程，也是战国秦汉人为加速传统农业形成的过程。特别是战国时期各国激烈的政治和军事角逐背后，都是各国经济实力的竞争，这个经济实力的竞争相当精彩而残酷。几乎所有的经济实力竞争都是以加强农业的开发利用为基本特征的，秦国商鞅变法是突出的代表。一旦这种经济上的激烈竞争转化为一种传统农业的经营方式时，它的扩张就是一个时间问题

---

①《管子·八观》。

了。而黄河流域丰富肥沃的土地资源为这一次农业扩张提供了天然的舞台,这也是奠定了中华民族伟大文明的第一块基石。

(1) 黄河流域传统农业的确立:小农经济的形成

农业精耕细作技术体系大约在战国时期开始形成,当时已经初步有了一套比较完整的耕作技术体系。

第一,小农经济的耕作方式是精耕细作。战国时期人们对土地耕作方法的认识不断深入。荀子讲:“今是土之生五谷也,人善治之,则亩益数盆,一岁而再获之”①。在许多文献中随处可见“深耕而急耰”“深耕易耨”“耕者且深,耘者熟耘”等记载,可见深耕、熟耰、易耨等生产耕作环节已经比较成熟了,这种耕作方式在当时应该已经为广大农户所掌握。这就为传统农业连续高效地使用土地和保持土地产出不断增加,开辟了一条道路。最晚到西汉,黄河流域以精耕细作为特征的旱作技术体系基本形成。

通过施肥来恢复和增加土壤肥力是中国传统农业的一大创造,也是提高土地利用率的关键。精耕细作农业必须要有增加土地肥力的措施相配合,战国时期的农户已经掌握了施肥技术,认识到了通过施肥恢复地力的道理。《荀子》中讲,“掩地表亩,刺草殖谷,多粪肥田,是农夫众庶之事也”②,当时使用最多的肥料是农家肥、草木灰和腐殖质。

第二,小农经济的大量产生得益于授田制度的实施。授

---

①《荀子·富国》。

②《荀子·富国》。

田制度就是国家把属于国家所有的公田分别授予农业生产者,由他们一家一户地组织耕种,向国家交纳实物地租和赋税。例如:李悝在魏国实行“尽地力之教”,大力培育小农经济,对授田制下的农民实行“什一之税”。秦国更是积极推行授田制,其农战政策也是建立在授田制度基础之上的,把农业和战争紧密地结合在一起。一方面大力推行授田制,发展农业生产,扩大垦地面积,鼓励增加人口和发展小农经济;另一方面积极扩军备战,充实和提高作战能力,参与统一国家的角逐。小农经济焕发出的巨大生产能力是秦国统一全国的深刻经济原因。

个体小农生产规模不可能很大,典型模式就是“一夫挟五口,治田百亩”。在战国时期的许多文献中都有这样的描述:“家五亩宅,百亩田,务其业而勿夺其时,所以富之也”;“一农之事,终岁耕百亩”。虽然小农经济的生产规模并不大,农业剩余也不可能很多,但是它较之于以前的“耦耕”等集体劳动形式,还是具有较高效的劳动生产率和较强大的生命力。对于国家来说,小农经济不仅能够直接支持国家经济实力的增强,承担赋税徭役;而且还能确保国家作战能力的兵源来源,奔赴疆场。

第三,人口的迅速增长也是推动小农经济发展的重要因素。战国各国经济与军事实力的强弱,还取决于国家人口的多寡,因而各种有利于人口增长的政策措施纷纷出台。鼓励早婚早育的政策随处可见。例如,越王勾践“令壮者无娶老妇,令老者无娶壮妻。女子十七不嫁,其父母有罪;丈夫二十不娶,其父母有罪。将免(娩)者以告,公令医守之。生丈夫,二壶酒，一犬；生女子，二壶酒，一豚。生三人，公与之母；生二人，公与之。当室者死，三年释其政；支子死，三月释其政”①。商鞅也同样推行鼓励生育的政策。这就导致战国时期人口急剧增长，当时有人忧虑道：“今人有五子不为多，子又有五子，大父未死而有二十五孙。是以人民众而货财寡，事力劳而供养薄，故民争。”②实际上，对人口需求不断增强是传统农业经济的一大特点，越是精耕细作就越是要以劳动力的大量投入为条件。

一段经典的对话是这样的：孔子与弟子们周游列国到了卫国，看到这里人丁兴旺，“子曰：‘庶矣哉！’冉有曰：‘既庶矣，又何加焉？’曰：‘富之。’曰：‘既富矣，又何加焉？’曰：‘教之。’”③孔子的教诲真是逾两千年而不失其价值。

总之，发展农业的根本途径就是加强并发展以个体小农为特征的传统农业经济。应该说传统农业到了战国时期，无论是在生产组织方面，还是在经营方式方面，都寻找到了突破口，这便是小农经济所表现出的巨大经济优越性。

(2) 黄河流域基本经济区的发展优势

传统农业始终存在扩张效应，大量新开垦的农业区域赋予了传统农业一种生命力。战国秦汉时期，农业生产和农业经济已经在社会生产和社会经济中占据了统治地位，种植业和植物界成为中国人民最主要的衣食之源。这与欧洲的农业发展途径存在着巨大差别。

---

①《国语·越语》。

②《韩非子·五蠹》。

③《论语·子路》。

这一时期传统农业的发展，一是体现为农业区域在规模和地域上的不断扩张，农业从黄河流域狭小地区不断向黄河中游经济区、黄河下游经济区和关中经济区等周边扩展，通过传统农业的扩张已经联结形成为一个整体的经济区，农牧分界线大幅度向北向西推移；二是体现为农业生产组织和农业生产技术的不断改进与发展，尤其是形成了以个体小农的小规模经营、以精耕细作和劳动力大量投入为特点的中国传统农业经济。正是这种农业经济形式，使中国传统农业的土地利用率、粮食单位面积产量等，都达到了传统时代世界上最高的水平。

黄河流域基本经济区大约在秦汉时期得以确立。所谓基本经济区就是指作为整个传统社会经济中最基本、最主要的经济发展地区，它是传统社会经济生存与发展的基本支柱，是传统社会经济关系最完备的地区，是政府财政赋税的主要来源。黄河流域基本经济区包括秦汉的关中经济区和关东经济区。当时的关中经济区要比今天的关中地区广阔，主要涵盖了黄河上游、渭水流域以及巴蜀地区等；关东经济区指的是黄河中下游地区，主要涵盖了韩、赵、魏和齐国故地等。关中经济区是秦汉的政治中心和经济中心，“关中之地，于天下三分之一，而人众不过什三，然量其富，什居其六”①；关东经济区则是春秋战国以来经济最发达的地区，土地、人口最多，农业生产最发达。

秦汉时期国家在基本经济区修建为数众多的农田水利

①《史记·货殖列传》。

设施。随着黄河流域基本经济区的确立，确保黄河流域农业生产的正常进行日益重要，治理黄河成为国家面临的重要任务，秦汉政府都多次动员大量人力参与治理黄河工程。例如公元69年，东汉政府指派王景、王吴治河，“修渠（汴渠），驻堤自荥阳，动至千乘海口千余里”①。这次治河保障了黄河数百年的平安。秦汉国家还对原有的水利设施进行了大规模的维修利用，如汉安帝时“诏三辅、河内、河东、上党、赵国、太原，各修理旧渠，通利水道，以溉公私田畴”②。秦汉国家还修筑了许多新的水利设施，如汉武帝令徐伯主持开凿漕渠，该渠从长安东至黄河，长约三百余里；在关中修龙首渠；在郑国渠上游修筑六辅渠；又兴修白渠。东汉时各地还兴修了一批蓄水灌溉的水库。

(3) 战争对黄河流域基本经济区的冲击

魏晋南北朝时期，黄河流域基本经济区遭受了严重的战争破坏。在这曾经十分富庶的地区，战火连绵、硝烟不断。例如，在晋惠帝（290—307年）时期，“贼盗蜂起，司、冀大饥，人相食。自季龙末年……与羌胡相攻，无月不战。青、雍、幽、荆州徒户及诸氐、羌、蛮数百余万，各还本土，道路，互相杀掠，且饥疫死亡，其能达者，十有二三。诸夏纷乱，无复农者”③。这种无休止的战争对社会经济的破坏可想而知，天下一片混乱，百姓不可能安心从事农业生产。正像《晋书》所言：“自丧乱以来，六十余年，苍生殄灭，百不遗一，河洛丘墟，

①《后汉书·王景传》。

②《后汉书·安帝纪》。

③《晋书·石季龙载记下附冉闵载记》。

幽夏萧条，井堙木刊，阡陌夷平，生理茫茫，永不依归。”①

活跃在西部地区和北方荒漠上的少数民族，如匈奴、鲜卑、羌、氐、羯等，纷纷捐弃本民族世代从事的游牧经济和生产活动，在其部落首领的带领下，如潮水一般南下黄河流域，冲击着黄河流域的政治经济文化，上演着纷繁离乱和民族融合的历史。这些游牧民族普遍具有这样一些特征：一是他们长期居住在西部和北方边陲，以畜牧业为主要经济活动。和平时期逐水草而居，过着安定的游牧生活。每遇战事则兴兵掠夺，加之其战斗爆发力强大，长期构成对传统农业区域的威胁。二是他们所处经济发展水平比黄河流域农业文明落后，一旦进入黄河流域农业区域势必导致对传统农业的破坏和衰落，而对手工业和商业、对城市经济的冲击和破坏就更加严重。三是他们的社会制度和文化体系也落后于黄河流域汉民族，他们大举南下时不可避免地摧毁了黄河流域汉民族的文化和制度体系，而他们建立起来的文化和制度体系通常对黄河流域社会经济恢复发展并不十分有利。

例如，洛阳古都一度十分繁盛，雄居天下之中，是传统农业文明高度发达的中心区域，而在游牧民族南下时则成为牛马成群的游牧场所。北魏宇文福“规石济以西，河内以东，拒黄河南北千里为牧地，事寻施行，今之马场是也。及从代移杂畜于牧所，福善于将养，并无损耗”②。又如“世祖之平统万，定秦陇，以河西水草善，乃以为牧地，畜产滋息，马至二百

①《晋书·孙楚传附孙绰传》。

②《魏书·宇文福传》。

余万匹，橐驼将半之，牛羊则无数。高祖即位之后，复以河阳为牧场，恒置戎马十万匹，以拟京师军警之备”①。游牧经济在这些地区兴盛的结果，势必导致传统农业经济的衰落，这是无可置疑的。

但这些游牧民族南下相继建立的政权，为促进黄河流域社会经济的恢复也做了许多工作。例如，前秦苻坚统治时期(357—385年)，重用汉族人王猛，采取了一系列发展社会经济的措施：加强中央集权统治，遏制氐族贵族权势的恶性膨胀，使“百僚震肃，豪右屏气，路不拾遗，风化大行”；发展农业生产，改进耕作技术，要求百姓在旱地耕作中采取区种法；征调贵族豪强的僮隶三万人，“凿山起堤，通渠引渎，以溉冈卤之田”，使关陇地区的农业得到恢复和发展；稳定社会秩序，促进工商业恢复发展，通过努力使“关陇清晏，百姓丰乐，自长安至于诸州，皆夹路树槐柳，二十里一亭，四十里一驿。旅行者取给于途，工商贸贩于道”②。又如，此后建立的北魏政权等也都采取了一些恢复和发展社会经济的政策措施。

(4) 人口迁移与长江流域的开发

正是由于三国魏晋南北朝时期黄河流域连绵不断的战争，导致了这里的大量农业人口南迁。他们为躲避战火，携家带口、背井离乡，纷纷逃亡南方广大地区。他们给南方带来了黄河流域高水平的农业种植技术、农业种植品种和农业耕作经验，极大地促进了长江流域农业生产的开发和农业经

---

①《魏书·食货志》。

②《晋书·苻坚载记》。

济的发展。为隋唐两宋传统农业经济的又一次繁荣与发展准备了条件，当然这是从长时段的历史来考察的。

人口大量南迁是长江流域和长江以南地区农业开发的先决条件。任何一个地区的经济开发，都是需要各类人力资源的聚集作为前提。这时南方人才的聚集也表现出这样的特点：一是原东汉朝廷的各级各类官员和世家大族南迁，他们带来了丰富的统治经验、社会治理和文化资源。史载“是时，四方贤士大夫避地江东者甚众”①。二是原黄河流域农业生产者大量南迁，他们熟悉农业生产组织和管理，了解农业种植业和纺织业知识与经验。例如，东吴需要布匹，华覈建议说：“今吏士之家，少无子女，多者二四，少者一二，通令户有一女，十万家则十万人，人织绩一岁一束，则十万束矣。”②三是大量劳动人口南迁，为这里的农业开发等经济开发提供了源源不断的劳动力。例如，东吴名臣鲁肃南迁时统领男女三百余人；建安十八年(213 年)因躲避曹魏内徙命令，一次就有十余万户南迁。③ 据有关人口数据显示，这期间北方大约有 90 万人南迁，也就是说北方平均每 8 个人中就有一个人南迁。④ 三国孙吴末期约 53 万户，南朝刘宋时达到 90 多万户。⑤ 此外，南迁的许多百姓往往在新的居住地无依无靠、衣食无着，只得依附在豪强大族之下，“自中原

①《三国志・魏书・华歆传》。
②《三国志・吴书・华覈传》。
③《三国志・吴书・吴主传》。
④ 宁可主编：《中国经济发展史》(1)，第 492 页，中国经济出版社 1999 年。
⑤ 韩国磐：《隋唐五代史论集》，第 322 页，生活・读书・新知三联书店 1979 年。

丧乱，民离本城，江左造创，豪族兼并，或客寓流离，名籍不立”①。这一部分人口的数量也不会小。

开垦山林沼泽荒地是长江流域和长江以南地区农业开发的主要途径。鼓励南迁人口开垦山林沼泽荒地，是长江流域和长江以南地区大小政权的共同特点。首先是政府组织屯田，包括民屯和军屯两种形式。例如，东吴大约在建安五年(200 年)开始屯田，前后持续 80 余年之久，有数万人在屯田上从事农业生产。史载西晋在东吴后期攻克皖城军屯之地，“焚其积谷百八十万斛，稻苗四千余顷，船六百艘”②，其军屯规模之大可见一斑。其次是劝民农桑，例如，东晋末年刘裕当政，“抑末敦本，务农重积，采蘗实殷，稼穑惟阜”③。宋文帝继续执行这一政策：“游食之徒，咸令附业，考核勤惰，行其诛赏，观察能殿，严加黜陟。”“凡诸州郡，皆令尽劝地利，劝导播殖，桑蚕麻纻，各尽其方。”④许多山林川泽也通过逐渐允许开发而转变成为农业生产的土地。再次是长江以南地区的少数民族也积极参与了南方的农业开发，由于大规模开垦山林荒地，那些长期生活在山林荒地之中的蛮、僚、奚、俚等少数民族，被迫走出了自己的家园。他们在这一区域的农业开发过程中，摆脱了原始的刀耕火种和采集经济等生产生活状态，开始了与汉民族的大融合。

相对稳定的社会环境是长江流域和长江以南地区农业

---

①《世说新语》卷上《政事》。
②《晋书·王浑传》。
③《宋书·武帝记》。
④《宋书·文帝记》。

开发的基本保障。没有相对稳定的社会政治环境，就不可能有社会经济的发展，古往今来都是如此。这一时期南方相对稳定的社会环境极大地促进了当地的农业开发。史载："自义熙十一年(415 年)司马休之外奔，至于元嘉末(453 年)，三十有九载，兵车勿用，民不外劳，役宽务简，氓庶繁息，至余粮栖亩，户不夜扃，盖东西之极盛也。"①一些世家大族拥有了殷实的家业和巨额的财富，有的竟有"奴婢数千人"，各类买卖包括奴婢买卖盛行。史载："晋自过江，凡货卖奴婢、马牛、田宅，有文券，率钱一万，输估四百入官。卖者三百，买者一百。"②

正是通过上述各个方面的努力，长江流域和长江以南地区开始成为传统农业新的更为重要的发展区域。

2. 第二次传统农业扩张进程

第二次扩张主要是传统农业向长江流域的扩张。广袤的长江流域终于缔造了传统农业和传统社会的辉煌，同时也为传统农业的发展提供了良好的前景。大约在唐代中期，中国经济中心已经不可逆地向长江流域发展，长江流域已经开始取代黄河流域而成为最主要的经济中心。特别是水稻的大规模种植以及水稻高产的事实，为中国传统农业向深度和广度发展创造了契机。

隋唐时期，中国传统农业经济的发展达到了很高的发展

---

①《宋书・孔季恭传》。

②《隋书・食货志》。

阶段。由于社会长期稳定，各地农业生产得到恢复和发展，许多地区特别是南方广大地区农业开发成效十分显著；唐初实行均田制，培育大批小农经济，使之以前所未有的速度和规模成长起来，小农经济成为整个社会农业生产的主体；农业生产水平和农业生产技术明显提高，各种规模的农田水利工程纷纷兴建起来；大地主庄园经济解体，比较纯粹的租佃关系逐步确立起来，租佃农民对地主的人身依附关系进一步减弱，农业经营方式有了较大进步。

(1) 长江流域基本经济区的形成

隋唐时期，中国传统社会经济的一个重要进展就是在原有黄河流域基本经济区之外，各地又形成了一些新的经济区，尤其是长江流域和长江以南地区的经济开发取得了巨大进展，在长江流域形成了第二个基本经济区，从此改变了中国传统社会经济的版图。

第一，长江流域基本经济区的崛起。

长江中下游地区在东晋南朝时期得到了更为广泛的开发，是这一时期中国传统农业经济扩张的最重要地区。到了隋唐时期，长江流域社会经济发展势头强劲，逐渐成为可以同黄河流域基本经济区分庭抗礼的另一个基本经济区。南方广大地区历经东晋南朝的开发，农业经济确实有了长足的进步，这里“鱼盐杞梓之利，充仞八方；丝绵布帛之饶，复衣天下”①。皮日休也曾指出：“今自九河外，复有淇汴，北通涿郡

①《宋书》卷54传论。

之渔商，南运江都之转输，其为利也博哉。”①这一基本经济区为设在北方的中央政府提供大量的物资，我们可以从唐代财政收入的来源略见一斑，唐代财政收入主要来源于江南地区，史载：“每岁县赋入倚办，止于浙西、浙东、宣歙、淮南、江西、鄂岳、福建、湖南等道，合四十州，一百四十四万户。比量天宝供税之户，四分有一。”②江南地区户数仅占全国1/4，但是赋役负担却重于所有其他地方。贞元八年(792年)权德舆曾讲：“江淮田一善熟，则旁资数道，故天下大计，仰于江南。”③又说：“赋取所资，漕輓输所出，军国大计，仰于江淮。”④韩愈也讲到当时“当今赋出于天下，江南居十九”⑤。不仅国家财政要依靠长江流域基本经济区的支持，而且长江流域广大地区也日趋成为一个繁荣的经济中心区域。

从长江流域户数增长情况，也能够看到这种基本经济区的成长。仅从杭州和苏州人口数的变化也可以看出，以大业五年(609年)、贞观年间(627—649年)和开元二十八年(740年)为例，杭州户数分别为15380户、30571户和86256户，苏州户数和人口数分别为18377户、11859户和76421户，到了元和年间(806—820年)苏州户数已超过10万了。⑥ 没有经济的发展，没有农业的拓展，这种人口增长无论如何也是实

---

①《皮子文薮》卷4《汴河铭》。

②《唐会要》户口数杂录。

③《新唐书·权德舆传》。

④“论江淮水灾上疏”，《权载之文集》卷47。

⑤“送陆歙州诗序”，《昌黎文集校注》卷4。

⑥ 摘自梁方仲：《中国历代户数、田地、田赋统计》，第430页，上海人民出版社1980年。

现不了的。

第二,长江流域农业种植区的扩大。

隋唐时期,江南农业区域不断扩大,农田垦殖面积迅速增加,农业生产技术和农业耕作方式不断提高与改进。传统社会的农业过程就是伴随着大量土地的开垦、农业生产技术和农艺技术的提高,以及农业人口的增长,而土地的开垦则是十分明显的一个因素。唐诗中有不少关于江南地区向山地水塘要农田、进行农业开发的例子,如张籍《野老歌》说:"老农家贫在山住,耕种山田三四亩。苗疏税多不得食,输入官仓化为土。岁暮锄犁傍空室,呼儿登山收橡实。西江贾客珠石斛,船中养犬长食肉。"杜甫《秋日夔府咏怀》说:"煮井为盐速,烧畲度地偏。"刘禹锡《竹枝词》说:"山上层层桃李花,云间烟火是人家。银钏金钗来负水,长刀短笠去烧畲。"李商隐《赠田叟》说:"烧畲晓映远山色,伐树暝传深谷声。"这些诗词都是描写农民开荒垦田的场景。

除了长江流域基本经济区的确立之外,这一时期在长江流域和长江以南地区还形成了几个经济区域:巴蜀经济区早在战国秦汉时期就得以开发,由于自然地理条件的制约,这一地区保持了长期的相对独立发展;岭南珠江经济区初步得到开发,但其经济发展程度还不高。

从以上经济区域的分布情况来看,在隋唐时期农业经济已经形成了传统农业中心区域与外围各非农业中心区域的关系格局,即以黄河流域基本经济区和长江流域基本经济区向外辐射而形成农业基本经济区—农重牧(渔)轻经济区—游牧(渔猎)区。这种传统农业经济的辐射呈现出水墨渗透的特征。

第三，长江流域基本经济区的影响。

隋唐时期长江流域基本经济区的形成，对中国传统社会后期社会经济政治格局的影响十分深远，一方面在中国形成并确立了南北两个经济中心，即黄河流域基本经济区和长江流域基本经济区，而且这两个基本经济区呈现出此消彼长的态势；另一方面则是王朝政治中心长期处于北方，这就造成了如何加强对南方经济的控制始终是政府最关注的问题之一。中国学者傅筑夫曾尖锐地指出："隋王朝虽是一个短命的王朝，却是一个颇具韬略、颇有能力的王朝，它眼光敏锐地观察出南北朝以后一个重大的历史变化，即北方的经济区由于被彻底破坏，使全国的经济中心南移，而北方的政治中心却不能随之变动。这一个新的历史格局——一个巨大的历史性矛盾，由隋文帝找到了解决办法，就是用运河来把两个业已分离了的经济和政治中心重新连结起来。"①

(2) 长江流域和黄河流域传统农业的发展

隋唐五代时期中国传统农业又一次达到了发展的高峰，随着农业生产工具和技术的改进，农田水利工程的兴修，大量的荒地被开发利用，农业集约经营水平提高，农业生产出现了蓬勃发展的局面。

第一，农业生产工具的改良和农业生产技术的变革成绩显著。

---

① 傅筑夫：《中国封建社会经济史》第四卷，第528—529页。人民出版社1986年。

耕犁是传统农业最主要的生产工具，秦汉时期发明的直辕犁有效地推进了农业生产的发展，但是这种犁比较笨重，弯转不灵活，耕地费力费时，唐朝发明了曲辕犁，逐步取代了长直辕犁。曲辕犁的犁辕短而弯曲，便于操作，弯转灵活，比较省力，可以由一头牛牵引。由于南方广大地区农业的发展，这时已发明了用于灌溉的各种水车，有翻车、龙骨车、水龙、踏车等。农民不仅使用辘轳和桔槔汲水，而且也开始普遍采用水车，水车的动力一般是人力、畜力和水力，例如，在四川就有水利转动的竹筒水车。太和二年(828 年)，政府令京兆府制造水车给郑国渠、白渠灌溉区的百姓，并征集江南制造水车的工匠集中制造。

第二，农田水利设施和农田工程发达。

在《新唐书·地理志》中记载的水利工程就有 200 多处，其规模和数量都是前所未有的，其中绝大部分都是为了农业生产而兴修的。在这些水利工程中，有一些是历史上著名的水利设施，如郑国渠、白渠等，更多的则是新兴修的水利设施。唐朝水利设施有这样几类，一是北方地区的水利灌溉设施，主要解决农业生产对水资源的依赖；二是南方地区的排水、蓄水设施，既能排涝，又能灌溉，如堤、堰、陂、塘等；三是沿海地区修筑的堤防等。

第三，农业集约经营水平不断提高。

隋唐五代大量荒地被开垦利用，许多因战争荒废的土地都很快得以垦种，更多的山地、坡地和沼泽地被开发为农田，特别是伴随着南方农业生产的发展，这一趋势日益强大。与此同时，农业生产集约经营水平也大幅度提高，南方出现了水稻育秧移植栽培新方法，由于早稻的种植使两年三熟耕作制逐步在江南推广，一些地方已经有了一年两熟制，农业集约经营使土地利用率大大提高。史载“凡营稻一顷，将单功九百四十八日，禾二百八十三日”。种植水稻要比种植旱地作物投入更多的劳动，这进一步强化了中国传统农业精耕细作的程度，并使传统农业吸纳越来越多的劳动力。

第四，商业性农业快速发展。

商业性农业的发展取决于贸易的发展水平和市场的成熟程度。在一些地区，农业生产内容日益多样化，有力地推动着农村商品生产和商品交换的扩大与发展，最为突出的便是茶的生产。种茶饮茶之风在隋唐五代时期一时间盛行于城乡，尤其是文人士大夫和出家人更是热衷于此，史载：“茶早采者为茶，晚采者为茗。本草云止渴，令人不眠，南人好饮之，北人初不多饮。开元中，泰山灵岩寺有降魔师大兴禅教，学禅务于不寐，又不夕食，皆许其饮茶，人自怀挟，到处煮饮，从此转相仿效，遂成风俗，自邹、齐、沧、棣，渐至京邑，城市多开店铺，煎茶卖之，不问道俗，投钱取饮。”“于是茶道大行，王公朝士，无不饮者。”①在唐代人大量的著述中，有不少关于各地茶叶产品的记载，有蒙顶茶、石花茶、紫笋茶、神泉小团茶、昌明兽目茶、碧涧茶、明月茶、芳蕊茶、茱萸茶、露牙茶、香山茶、南木茶、东白茶等等，不胜枚举。许多产茶地区的农民以种茶为业，每到产茶季节，各地商贾纷纷蜂拥而至，抢购新茶。如祁县茶区“编籍凡五千四百余户，其疆境亦不为小，

① 封演：《封氏闻见录》卷六。

山多而田少，水清而地沃，山且植茗，高下无遗土，千里之内，业于茶者七八矣，由是给衣食、供赋税，悉恃此。祁之茗，色黄而香，贾客咸议愈于诸方，每岁二三月，赍银缗缯素求市将货他郡者，摩肩接迹而至”①。其他产茶区域的情况也一样。

（3）两宋时期传统农业生产的繁荣

两宋时期，精耕细作的农业生产又上了一个新台阶。随着社会政治秩序的稳定，人口迅速增加，在黄河流域和长江流域广大区域，农业生产得到恢复和发展。特别是伴随着大量人口南移，江南广大地区的开发利用出现了前所未有的高潮。从五代宋辽金元整个时期来看，中国北方作为传统的政治中心，长期处于军事对峙之中，数百年积累下来的经济基础和文化成果在残酷的战火硝烟中受到巨大摧残，出现了持续数百年的北方大量人口南迁的潮流。南方人口的增加十分明显，北宋立国初年，“总户九十六万七千五百五十三，至开宝末，增至二百五十万八千六十五户；太宗拓定南北，户犹三百五十七万四千二百五十七。此后递增，至徽庙有一千八百七十八万之多”“及乘舆南渡，江淮以北，悉入虏庭，今上（宋高宗赵构）主户亦至一千一百七十万五千六百有奇。生息之繁，视宣和以前仅减七百万耳”。②

广大农民在江南许多地方克服自然条件的限制，因地制宜地在江河湖海和山地洼地开垦农田，出现了大量的圩田、

① 张途：《祁门县新修阊门溪记》，《全唐文》卷802。

② 袁褧《枫窗小牍》卷上。

淤田、架田、山田、涂田、沙田等新开垦土地。水利事业也有很大发展，特别是南宋时期，“大抵南渡后水田之利，富于中原，故水利大兴”①。北方人口的大量南迁，推动着江南广大地区的开发利用；而江南土地的开发利用和日趋精耕细作，又使人口得以较迅速地繁衍生长。所以，传统农业发展到南宋时期，人地矛盾开始突出并日渐尖锐。解决人口与土地的矛盾，一方面需要有更多的可开垦为耕地的闲置土地，另一方面则需要强化精耕细作的农业生产方式。由于缺乏大量闲置土地的客观条件决定了中国农业只能选择后一种途径来解决日益尖锐的人地矛盾。从这时开始，在中国传统农业中的劣势积累明显加快。

两宋时期农业耕地的不断扩大和精耕细作的发展，使传统农业逐步形成了一条比较鲜明的发展道路。对于中国传统农业来说，劳动力和土地的投入都会带来农业生产力的提高和发展。劳动力的投入会不断加剧传统农业向着精耕细作的方向发展，并推动农业种植结构的变化，土地的投入会不断扩展传统农业发展的空间，使传统农业向更广泛的地域扩展，传统农业发展的轨迹基本上都是沿着这样的路线进行的。

南宋时期，随着政治中心的南移和南方人口的增加，大量新开垦的农业区域赋予了传统农业新的生命力。长江流域经济区的繁荣程度已经远远超过了黄河流域经济区，长江流域经济区的进一步开发最终导致了中国传统社会经济中

① 《宋史·食货志》。

心的彻底南移。

3. 第三次传统农业扩张进程

第三次扩张则是在明清时期出现的。明清时期是中国传统社会的鼎盛时期，许多方面的进展和成就都达到了传统时代的最高峰。例如，这一时期是传统社会中保持国家统一局面时间最长的时期，从明朝 1368 年建立到清朝 1911 年结束，前后长达 540 多年。在这样长的历史时段中能够保持社会政治经济的基本稳定与发展，是很罕见的。虽然期间经历了明清两朝的政权更迭，有过一段时期的战火硝烟，但是时间并不很长。又如，明清时期也是中国人口数量急剧增长的时期，据何炳棣研究认为，明清时期人口大约取得过三个高峰，1600 年人口已达 1.5 亿，1794 年增至 3.13 亿，1850 年更增至 4.3 亿。① 人口是传统社会基本的经济力量，人口增长就是社会经济发展的重要标志。这些因素就为第三次传统农业的扩张创造了很好的环境和条件，传统农业无论从深度还是从广度上都达到了发展的最高阶段。

明清时期传统农业的发展还表现为：如果从农业扩张的角度来考察这一时期传统农业的深刻变化，最为突出表现在原有传统农业经济区的提升、商业性农业的发展和种植养殖专业化区域的出现、农作物新品种的引进以及东北地区的农业开发。《泰晤士世界历史地图集》中写道："1393 年，中国人口刚刚超过六千万人，较宋末少百分之四十。随着和平和

① 何炳棣：《1368—1957 中国人口研究》，第 275 页，上海古籍出版社 1989 年。

内部安定，人口又开始增加，到1580年约达一亿三千万人。虽然十六世纪后期和十七世纪四十年代因时疫流行而人口锐减。改进的农业技术使中国能养活增长的人口。引进了新作物，棉花在元代即已普及，在长江流域和江苏北部被广泛种植。高粱在干旱的西部和西北部成为普通的谷类作物。十六世纪和十七世纪，西班牙和葡萄牙商人到达中国海岸并引进更多新作物：甘薯、玉米、花生、爱尔兰薯和烟草，这些作物能在不适合传统作物的土地上生长。”①

(1) 传统农业区域的拓展与发展

明清时期传统农业的发展可以从两个方面来看，一是农业生产和种植区的拓展，许多未被开垦的土地在这时都被开垦出来成为新的耕地。由于土地价值的提高，人们几乎无法遏制在强烈利益驱动下对土地的追求；二是传统农业精耕细作的程度进一步提升，精耕细作农业出现了多种多样的生产技术和耕作方式。

明清时期人们千方百计地开辟新的耕地。据估计，大约在清代初期，全国耕地面积在6亿亩左右，嘉道时期（1796—1850年）全国耕地面积增至11亿—12亿亩左右。耕地的增加来自多个方面：一是在许多传统农业经济区内不断开垦土地，包括与山林川泽、江河湖海争地；二是明清时期特别是清代拓展大量尚未充分开发的国土面积，包括东北地区和新疆地区的农业开发。这些都给予传统农业以巨大的发展空间

---

① 杰弗里·巴勒克拉夫：《泰晤士世界历史地图集》第5章《新兴的西方世界——明代的东亚1368—1644》，第126—127页，生活·读书·新知三联书店1985年。

和广阔的经济区域。

由于受到土地增量的限制,这一时期在全国各地,特别是长江流域和长江以南地区,人们仍然继续向山林川泽、江河湖海进军。例如,棚民在明清时期大量存在,明代对于山区实行封禁,棚民向山林川泽开垦土地受到一定限制。清代棚民的开垦活动明显加剧,在今天陕南、川西、湖北荆襄、湘西与闽浙赣三省交界处、安徽和浙江的山区等,棚民活动十分活跃。① 江南地区围湖造田、围水造田、围海造田也越来越多,各类圩田、围田、垸田大量出现,尤其是江汉地区、洞庭湖地区、鄱阳湖地区、太湖地区更甚。客观地讲,这一时期大量山林川泽、江河湖海被开垦成耕地,确实促进了传统农业的发展,但是生态环境也越来越脆弱了,其不利影响随着时间的推移越来越明显。

在左宗棠平定新疆之乱后,新疆地区开始大规模的农业开发。当时有人提出:新疆“地多膏沃,屯政日丰,原议招募内地人前往耕种,既可以实边储,并令腹地无业贫民得资生养繁息,实为一举两得”②。新疆的农业开发采取的主要形式就是传统的屯田。首先是军屯,这是清代以屯田方式推动新疆农业开发的主要形式,既可以巩固边防,又可以解决部分军籽;其次是民屯,当时采取的类型有回屯、户屯、犯屯等形式,维持民屯的进行需要政府不断给予大量物力财力支持,长期维持困难;再次是商屯,这是当时经营新疆较为有效

---

① 彭雨新:《清代土地开垦史》,第138—145页,农业出版社1990年。
②《清代奏折汇编——农业·环境》,第242页,商务印书馆2005年。

的屯田形式,鼓励商人前往新疆地区从事农业开发。

明清时期精耕细作农业的优良传统进一步深化,这有效地提高了土地利用率和单位面积产量。明清时期全国的农业生产都呈现出日益精耕细作的特点,尤其是长江流域和长江以南广大地区,更是通过精耕细作来提高单位面积粮食产量。为此,一是围绕农业多熟种植,培育出不少适于在各地栽培种植的农作物品种;二是更加积极通过增加施肥量提高地力,一些地方出现了农户由施用自然肥料、农家肥到施用商品性的饼肥的转化,施肥效果显著增强;三是农业耕作要求也越来越高、越来越细,出现了特重大犁和套耕等方法;四是农业生产田间管理加强,包括农作物治虫等环节都受到从未有过的重视,作物栽培管理也趋于精细。

重视提高粮食单位面积产量是明清时期精耕细作农业的突出特点,在江南许多地方探索出了多种多样的施肥方式。“凡治田,无论水旱,加粪一遍,则溢谷二斗。”①又因为农业种植业需要投入比以往更多的劳动力,所以在江南地区,“工本大者不能过二十亩,为上户;能十二三亩者为中户;但能四五亩者为下户”。可以说“粪多力勤”是这一时期对精耕细作技术体系的最简练概括。②

乾隆时期河南巡抚尹会一的一段话,大概能够反映清代南北方农业发展的状况。他说:“人力宜尽也,南方种田一亩所获以石计,北方种地一亩所获以斗计。非尽南智而北拙,

① 包世臣:《安吴四种·齐民四术》卷2《庚辰杂著二》。

② 董恺忱、范楚玉主编:《中国科学技术史:农学卷》导言,第6页,科学出版社2000年。

南勤而北惰,南沃而北瘠也。盖南方地窄人稠,一夫所耕,不过十亩,多则二十亩,力聚而工专,故所获甚厚。北方土地辽阔,农民惟图广种,一夫所耕,自七八十亩以至百亩不等,意以多种则多收,不知地多则粪土不能厚壅,而地力薄;工作不能遍及,而人事疏。是以小户自耕己地,种少而常得丰收。佃户受地承耕,种多而收成较薄。应令地方官劝谕田主多招佃户,量力授田,每佃所种不得过三十亩。至耘耔之法,又需去草务尽,培壅甚厚。犁则以三覆为率,粪则以加倍为准,锄则以四次为常,棉花又不厌多锄。则地少力专,佃户既获丰收,田主自享其利,且分多种之田以结无田之人,则游民亦少。”①

(2)商业性农业的发展

明清时期商业性农业的发展也是这一时期农业扩张的重要标志之一。特别是清代商业性农业的发展不完全是建立在传统农业自身变革的基础之上的,而是在对外贸易的拉动下发展起来的。农产品商品化程度早在1840年以前就已达到一定程度,据估计当时主要农副产品商品量占总产量的比例,粮食约为10.5%,棉花为26.3%,棉布为52.8%,丝为92.2%。② 不过,这种商品交换主要是农民小生产者之间的交换。

商业性农业所以发展快,主要还是由于其利润丰厚。粮食作物种植的劣势明显。清代章谦存在《备荒通论》中替农

① 尹会一:《敬陈农桑四事疏》,《皇朝经世文编》卷36。
② 吴承明:《中国资本主义与国内市场》,第251页,中国社会科学出版社1985年。

民算过一笔账:“一亩之田,耒耜有费,籽种有费,罱斛有费,雇募有费,祈赛有费,牛力有费,约而计之,率需千钱。”这些直接生产成本大约要占到粮食价格的15%—25%之间,加上劳动力成本等因素,粮食作物种植的利润很低。如果再是租佃他人土地经营,其获利将微乎其微了。

在城市需求和出口诱导下的商业性农业的发展,使许多地区改种经济作物。例如,丝价上扬时,江苏江阴县等一些地区不断扩大桑树种植;广东一些地方也将原有稻田改为桑田。棉花价格上扬时,又使不少地区农户将粮食作物种植改为种植棉花。茶叶出口需求增加时,福建一些地方又纷纷开茶山,四川丹棱县“民家僧舍,种植成园”。制糖利润丰厚时,广东东莞榨蔗为糖“获利厚而种植多”。商业性农业的发展不仅在东南经济发达地区普及,而且也波及到内地农村。

一些地区农产品生产的专业化趋势加强,促使传统种植结构发生变化,形成了一些专业化程度较高的农业生产区域。例如,江苏、湖北、山东、河北、河南、陕西、浙江等省形成为主要产棉区;安徽、江西、福建、浙江、湖南、四川、云南等省形成为主要产茶区;浙江、广东、江苏、四川、安徽、湖北、湖南、山东、河南形成为主要蚕桑区。此外还有烟草产区、大豆产区、花生产区、稻米产区等。这种农产品生产的专业化趋势不是由于国内经济发展和市场需要产生的,而是由于世界市场的需要产生的。

随着国内商业的发展和对外贸易的发展,商品经济和商业发展深深地渗透到传统农业之中,商业性农业的发展就是在这一背景下开始的。

（3）农作物新品种的引种

研究中国传统农业还要高度关注高产作物的引种、培育和推广。以往的历史告诉我们：小麦是伴随着第一次传统农业扩张而在黄河流域广泛种植的农作物，小麦经历了近千年，才逐渐取代了粟、稷等的地位；水稻是伴随着第二次传统农业扩张而在长江流域和长江以南地区广泛种植的农作物，并逐步向北扩展，稻作农业的繁荣时代至今也没有结束；玉米、番薯、马铃薯、花生、烟草则是伴随着第三次传统农业扩张而在中国广泛种植的高产农作物，这些农作物的种植满足了中国人口快速增长的生活需要。

农作物的引种和传播是农业发展的重要途径。世界上没有哪个国家的原生态农作物是能够满足当地人口对粮食多样化的需要的，都需要不断从世界各地引种和传播农作物品种。我们今天所消费的许多农产品品种，都是数千年来农业生产交流和农产品品种传播带来的。在传统农业中，农作物品种的引进和传播对于农业生产的发展曾经起到过重要的推动作用。

明清时期引种和传播的主要农作物是玉米、番薯、马铃薯、花生和烟草等五种作物。玉米和番薯的引进和种植比较顺利，因为它适应荒山丘陵等土地，又耐旱涝，不需要与原有的粮食作物种植争夺土地，所以能够为广大农业生产者所接受。马铃薯的引进和种植稍晚于玉米和番薯，它同样具有对土地要求不高，又早熟高产的优势，所以在全国很快得以推广。花生和烟草由广东、福建引种，逐渐向北传播，很快成为中国百姓广泛接受的经济作物。

这一时期形成的农作物种植结构，奠定了今天中国农业种植结构的基本格局。

(4) 东北地区的农业开发

东北地区的大规模农业开发则开始的比较晚，因为清王朝认为这里是“龙兴之地”，所以一度对东北地区实行“封禁”，禁止关内汉人大规模前往东北地区从事农业开发活动。但是从清代历史发展来看，东北地区的移民开发活动始终没有停止。

清顺治时期，曾经颁布《辽东招民开垦条例》，鼓励关内农业生产者到东北地区开荒种地。在康熙雍正时期，朝廷在东北设立分别隶属于皇室、各类王侯和政府的官庄，由它们负责东北地区的农业生产组织和经营。乾隆嘉庆道光时期，政府实行严格的“封禁”政策，但也并没有杜绝关内汉人出关垦荒。咸丰同治时期逐渐弛禁，招民放垦，东北地区农业开发和农业生产得到快速发展。

大概从清末开始，东北地区作为中国主要粮食生产地区的地位逐步彰显。随着此后农业的深入开发与发展，东北地区成为新中国的“粮仓”之一。

八、 崇尚农业的价值追求

在中国传统社会中，崇尚农业的文化追求和价值追求源远流长，形成了中国文化和中华文明独特的品质。风调雨顺，国泰民安——这是中国农民几千年来的一种美好追求，反映的就是传统农业社会最基本、最朴素的愿望和理想。四季平顺，没有水旱之灾；国康民安，没有战乱事端；生活安定，没有苛捐杂税，这就是一种和谐乡村的写照。

农业知识与农业技术被誉为“国家的科学知识与技术”，建立在传统农业基础上的文化价值追求也成为国家的文化价值追求，在中国传统社会中更是占有十分重要的地位。有外国学者研究发现：“在 19 世纪以前，尽管几乎所有的国家都立足于农业，但是少有哪个国家将改进农业技术作为其统治哲学的核心。比如，绝大多数西方国家的政府在 19 世纪以前很少直接介入农业知识的生产和传播。然而帝制中国自其诞生之日起，在这方面就有很强的行动能力。由国家来生产和播布农学知识是政府的一项核心技能。”①中国传统社会的这一特点，涵养了丰富的农业科技文化和深厚的农业

① 白馥兰著，吴秀杰、白岚玲译：《技术、性别、历史：重新审视帝制中国的大转型》，第 216 页，江苏人民出版社 2017 年。

文明成果。

1. 崇尚农业的思想文化情趣

崇尚农业生产与生活的价值追求是中国传统社会最为典型的文化特征。中国学者张岂之认为中国优秀文化的核心理念可以归纳为“天人之学、道法自然、居安思危、自强不息、诚实守信、厚德载物、以民为本、仁者爱人、尊师重道、和而不同、日新月异、天下大同”①，这是对传统优秀文化核心理念的最好概括，我们可以看出这些核心理念几乎都同悠久的农业生活和浓郁的农业环境有着紧密的联系。

传统农业生产与生活孕育了丰富的崇尚农业的思想文化情趣。例如，中国哲学中的“天人之学”，就是在以农业为中心的中国孕育产生的，以家庭为中心的生活方式、以先人为崇尚的经验世界，构筑的中国人特殊的思维方法。世界上其他地方也有不少以农业为中心的区域，但是产生这种哲学思想的却只有在中国。尤其是后世中国哲学中的“重人事，轻天道”思想，更是成为这个民族自强不息的思想动力，正是“人能弘道，非道弘人”②。当然，在中国传统社会中，农业与文化已经水乳交融了。西晋傅玄曾说：“夫家足食，为子则孝，为父则慈，为兄则友，为弟则悌。天下足食，则仁义之教可不令而行也。夫为政之要，计民而置官，分民而授事，士农工商之分，不可斯须而废也。若未能精其防制，计天下文武

① 张岂之主编：《中华优秀传统文化核心理念读本》总序，第3页，学习出版社2014年。

②《论语·卫灵公》。

之官，足为副贰者使学，其余皆归之于农。若百工商贾有长者，亦皆归之于农。务农若此，何有不赡乎?”“民富则安乡重教，敬上而崇教。贫则危乡轻家，相聚而犯上。饥寒切身，而不行非者寡矣。”①其实，古今中外都有不少思想家赋予农业以超乎寻常的功能和价值。马克思说:“古代人一致认为农业是适合于自由民的唯一的事业，是训练士兵的学校。”“农业享有极大的荣誉。”②但是，把崇尚农业的思想和价值发挥到那样丰富与精致，却只有在中国传统社会是这样。这里仅从几个方面简述如下。

(1)“三才相宜”的思想

中国农学思想的核心就是人与自然的相互协调，在这种协调关系中寻求人类的最大收获和最大发展。

“三才相宜”思想就是这种相互协调的经典表述。在中国人的宇宙观中，天、地、人是最基本的构成元素，凡事都要讲求天时、地利、人和，就是“三才相宜”思想的集中体现。相宜和冲突是一对矛盾，相宜有利于事物发展、事业成功，冲突不利于事物发展、事业成功。农业生产和生活同样要讲求“三才相宜”，而不是冲突，所谓“夫稼，为之者人也，生之者地也，养之者天也”③。这是战国秦汉时期基于传统农业的发展而牢牢建立起来的思想观念。

农业生产与生活必须处理好天、地、人同植物种植之间的关系，缺少任何一个条件都会直接影响到农业生产的正常

---

① 高新民、朱允:《傅玄〈傅子〉校读》，宁夏人民出版社 2008 年。

② 马克思:《资本主义以前生产各形态》，第 12 页，人民出版社 1956 年。

③《吕氏春秋·审时》。

进行。这种突出整体的观点、联系的观点和动态的观点，在中国传统农业发展观中比比皆是。例如，基于中国传统农业生产与生活发展起来的二十四节气和各类农令知识，都是将物候、星象、气象和农事结合在一起的知识体系，从整体、联系、动态的角度指导农业生产与生活；又如，农作物种植、间作套种等知识与技术体系也充分体现了整体、联系、动态的观点，充分考虑了土壤、水利、气候、作物等因素，在“土宜论”和“土脉论”中都凝结了这样的思想。所谓顺天应时、因地制宜，大概都是这种思想的体现。

“三才相宜”，人是关键。人不是被动地适应和接受自然界运动的结果，而是协调和处理各种因素相互关系的核心。《管子》中讲到：“谷非地不生，地非民不动，民非用力毋以致财。天下之所生，生于用力。”①创造财富需要有各种基本条件，但是最终还是需要通过劳动来创造。这种思想在《吕氏春秋》中也有鲜明体现，“春气至则草木产，秋气至则草木落，产与落或使之，非自然也。故使之者至，物无不为，使之者不至，物无可为。古之人审其所以使，故物莫不为用”②。汉代晁错也谈道：“粟米布帛，生于地，长于时，聚于力。”③具体到农业生产中，传统农业发展的趋势是不赞成听天由命、广种薄收，而主张深耕细耨、精耕细作。例如，西晋傅玄就倡导农业生产必须精耕细作，他在谈论当时的农业生产时说：“近魏初课田，不务多其顷田，但务修其功力，故旱田收至十余斛，

---

①《管子·八观》。

②《吕氏春秋·义赏》。

③《汉书·食货志》。

水田收数十斛。自顷以来,日增田顷亩之课,而佃兵益甚,功不能修理。至亩数斛已还,或不足以偿种,非与曩时异天地,横遇灾害也。其病正在于务多顷田而功不修耳。”

后世农学思想基本上都是沿着这样的思考不断深入,特别是对于发挥人的积极性给予了高度的关注,在“三才相宜”之中增加了人可胜天的精神追求。例如,在传统农业生产经营中,无论是沟洫农业、灌溉农业,还是精耕细作农业,都在人与自然相互协调中发展。又如,一些并不适宜于农业生产活动的地区,包括北方地区的山地、坡地、丘陵的农业开发与改造,南方地区的围湖造田、围海造田、修造梯田等开发与改造,都体现了“三才相宜”关系中人的积极性的增强。

中国传统农业的辉煌成就,就是依靠我们先民的进取精神和主动性而创造出来的经济成就。

(2) 耕读传家的传统

生产经营活动和文化价值追求的传承都需要通过家庭(家族)来实现。尤其是基于大量实践经验积累和提炼的传统农业知识与技术、基于家庭(家族)伦理价值提炼和升华的传统社会文化知识,更是需要通过家庭(家族)这种组织来传承和弘扬。家训就成了家庭(家族)传承农业知识与技术、弘扬优秀传统文化成果的重要载体,耕读传家就是家训的文化内核。

家训通常是家庭(家族)代表人物对子孙后代的教诲和训诫,其内容可以是生产经营、立身处世、持家治业等多方面。家训对个人成长、家庭和谐和社会稳定都曾起到过积极的作用,是中国传统社会中家庭(家族)文化的重要组成部分。耕读传家是传统社会中家庭(家族)的基本经济特征和文化追求,突出地体现在许多流传久远的家训之中。这里仅以《颜氏家训》《朱子治家格言》为例,介绍有关中国传统社会中耕读传家的经济特征和文化追求。

《颜氏家训》是南北朝时期颜之推(531—591年之后)所著,他历经四朝,曾“三为亡国之人”。跌宕起伏的人生和朝代更迭的动荡,使他积累了深刻的人生体验和处世哲学,所著《颜氏家训》成为后世人们十分推崇的家训作品。《朱子治家格言》则是明末清初朱柏庐(1627—1698年)所著,他与归有光、顾炎武一起被称为“昆山三贤”,平生以教授学生为业,潜心研究程朱理学,倡导知行并进、躬行实践。《朱子治家格言》流传甚广,由于文字浅显,便于传诵流行。

第一,这些家训等都把提高个人修养放在十分重要的位置,重德修身是个人安身立命的基础。颜之推的理想生活状态是:“夫风化者,自上而行于下者也,自先而施于后者也。是以父不慈则子不孝,兄不友则弟不恭,夫不义则妇不顺矣。”“生民之本,要当稼穑而食,桑麻以衣。蔬果之畜,园场之所产;鸡豚之善,树圈之所生。复及栋宇器械,樵苏脂烛,莫非种殖之物也。至能守其业者,闭门而为生之具以足,但家无盐井耳。令北土风俗,率能躬俭节用,以赡衣食。江南奢侈,多不逮焉。”①朱柏庐更是提出个人生活的具体要求:“黎明即起,洒扫庭除,要内外整洁。既昏便息,关锁门户,必亲自检点。”“器具质而洁,瓦缶胜金玉。饮食约而精,园蔬逾

①《颜氏家训·治家》。

珍馐。”“与肩挑贸易，勿占便宜。见贫苦亲邻，须加温恤。”①在几乎所有的家训中，培养正人君子是根本的目标。

第二，这些家训等都反复强调“耕”的重要性，告诫家人不要脱离农业生产经营。颜之推提出：“古人欲知稼穑之艰难，斯盖贵谷务本之道也。夫食为民天，民非食不生矣，三日不粒，父子不能相存。耕种之，休组之，对获之，载积之，打拂之，簸扬之，凡几涉手，而入仓廪，安可轻农事而贵末业哉？江南朝士，因晋中兴，南渡江，卒为羁旅，至今八九世，未有力田，悉资俸禄而食耳。假令有者，皆信童仆为之，未尝目观起一拨土，耕一株苗；不知几月当下，几月当收，安识世间余务乎？故治官则不了，营家则不办，皆休闲之过也。”②朱柏庐更是希望家人牢记“一粥一饭，当思来处不易。半丝半缕，恒念物力维艰”③。农业不仅仅被看作是衣食住行等生活消费的来源，而是被当作是培养人格、砥砺品行、颐养情趣的过程。

第三，这些家训等都反复强调“读”的重要性，告诫家人不要忘记修学读书。颜之推强调：“人生在世，会当有业，农民则计量耕稼，商贾则讨论货贿，工巧则致精器用，伎艺则沉思法术，武夫则惯习弓马，文士则讲议经书。多见士大夫耻涉农商，羞务工伎，射则不能穿札，笔则才记姓名，饱食醉酒，忽忽无事，以此销日，以此终年。或因家世余绪，得一阶半级，便自以为足，全忘修学，及有吉凶大事，议论得失，蒙然张

①《朱子治家格言》。
②《颜氏家训·涉务》。
③《朱子治家格言》。

口,如坐云雾,公私宴集,谈古赋诗,塞默低头,欠伸而已。”①朱柏庐更加具体地指出:“祖宗虽远,祭祀不可不诚。子孙虽愚,经书不可不读。居身务期质朴,教子要有义方。”“家门和顺,虽饔飧不继,亦有余欢。国课早完,即囊橐无余,自得至乐。读书志在圣贤,非徒科第。为官心存君国,岂计身家。”②读书是农业劳动之余的必修课,通过读书传承文化知识和践行圣贤之道,更是传统社会中莘莘学子的理想追求。

可见,中国历代家训是耕读传家最好的教育教材。

(3) 乡村中国的情趣

乡村中国是传统社会经济和农业生产生活美好的写照。在中国传统社会中,围绕乡村可以勾画出乡村“四圆”来,四个圆分别代表乡村政治权力、乡村宗族权力、乡村文化权力和乡村互助权力。乡村政治权力主要由乡村的乡绅来承担,这些乡绅大都是官宦家庭、富裕农户、宗族长老等,他们实际承担着对乡村权力的分配和对乡村的治理;乡村宗族权力则是建立在宗法血缘基础上的关系,是维系家庭(家族)和宗族的血缘宗法力量,在聚族而居的乡村这种力量十分强大,宗族长老的权力和威严使其对纷争具有很有效的协调能力;乡村文化权力则主要表现为乡村私塾在家庭(家族)教育方面的重要作用,私塾教育费用通常都是由乡绅出资或家族族产收益来支撑,在传统社会中一些高官显贵、富商大贾往往都

① 《颜氏家训·教子》。

② 《朱子治家格言》。

要回到自己的家乡闲居生活，他们对于乡村的稳定和和谐、对于乡村的公共建设都会发挥一定的作用；乡村互助权力是通过由聚族而居的家族的公共财产的分配来实现的，通常都是用家庭（家族）的族田等公共财产的收益，提供给经济特别困难的家族成员，用以保障家族成员的基本生活和乡村的稳定。通常这四种权力交集部分越大，乡村社会就越是稳定。

中国传统社会中的乡村治理是中国有别于世界上其他国家的显著特点之一，也是传统社会中国家治理和社会治理中最有效的领域之一。宗法关系与乡村治理紧密结合在一起，血缘关系原则升华为宗法关系原则，继而升华为社会关系原则，再度升华为政治关系原则，儒家思想在其中发挥了不可小觑的作用。“皇权不下乡”大概是中国传统社会的一大特点，乡村治理结构经历了从乡里制度向保甲制度、再向职役制度演变的过程。其明显的优势：它是乡村社会自然而然的关系，不需要政府强大的外力努力；它具有自觉和强制相结合特点，不需要昂贵的培育维护；它最有可能获得广泛的支持，特别是在聚族而居的地方；它是经济便捷的治理方式，乡村能够通过自身的经济力量支持运转；它是具有互助共赢、激励向上的文化组织，家族私塾能够实现文化传统的传承。

在传统社会中，乡规民约是乡村治理的重要依据。相传古代官府对于乡村治理有“十二教”，内容包括：以祀礼教敬，则民不苟；以阳礼教让，则民不争；以阴礼教亲，则民不怨；以乐礼教和，则民不乖；以仪辨等，则民不越；以俗教安，则民不偷；以刑教中，则民不虣；以誓教恤，则民不怠；以度教节，则民知足；以世事教能，则民不失职；以贤制爵，则民慎德；以庸制禄，则民兴功。① 最早的有文字流传的乡规民约是制定于北宋神宗熙宁九年(1076 年)的《吕氏乡约》，是由号称“蓝田四吕”的吕大忠兄弟制订，其目的就是要求邻里乡人“德业相劝、过失相规、礼俗相交、患难相恤”。明清时期各地纷纷制订乡规民约，一时成为时尚。当时朝廷也十分重视乡规民约的制订，明代洪武年间曾颁布《圣训六谕》，清代顺治有《圣谕六条》、康熙有《圣谕十六条》、雍正有《圣谕广训》，都进一步强化了乡规民约的引领和制约作用。

在两千多年的中国传统社会中，乡村治理是比较成功的，并不是一团糟，绝大部分时期乡村是比较稳定和和谐的。历史地看，导致改朝换代的重要因素不都是农民起义，而更多是统治集团内部的争斗和周边民族的南下侵扰。

乡村情趣始终是历代诗人们的最爱，这里仅撷取几首共欣赏。

东晋诗人陶渊明《规园田居》其三吟道：“种豆南山下，草盛豆苗稀。晨兴理荒岁，带月荷锄归。道狭草木长，夕露沾我衣。衣沾不足惜，但使愿无违。”诗中表达了作者寄情山水、醉心农事的归隐情趣。

唐代诗人丘为《题农父庐舍》吟道：“东风何时至，已绿湖上山。湖上春已早，田家日不闲。沟塍流水处，耒耜平芜间。薄暮饭牛罢，归来还闭关。”诗中描述了闲逸舒适的田园风光，读来让人向往。

①《礼记・地官・大司徒》。

南宋诗人陆游《游山西村》吟道："莫笑农家腊酒浑，丰年留客足鸡豚。山重水复疑无路，柳暗花明又一村。箫鼓追随春社近，衣冠简朴古风存。从今若许闲乘月，拄杖无时夜叩门。"表达了作者对于乡村热闹的年节和简朴的生活的赞美。

清代诗人高鼎《村居》吟道："草长莺飞二月天，拂堤杨柳醉春烟。儿童散学归来早，忙趁东风放纸鸢。"为我们描绘出了一幅乡村儿童放学后，三三两两放风筝的生动画面。

2. 丰富的农学著作和思想

在中国传统社会中，由于农业在社会经济发展中的重要地位，积累了大批研究和论述农业生产与生活的农书，这些农书是中国传统农业知识与技术体系的重要组成部分。据中国学者王毓瑚研究，中国农书有名可查的大约有540余种，其中佚书200多种。这些农书可以分为九大类：综合性农书、关于天时及耕作的专著、各种专谱、蚕桑专书、兽医专书、野菜专著、治蝗书、农家月令书、通书性质的农书。[①] 限于篇幅，这里仅择要介绍如下。

(1)《吕氏春秋·上农》四篇

《吕氏春秋》是秦国丞相吕不韦(公元前300？—前236年)在秦国统一全国前夕组织编写的著作，该书中有关农业的共有四篇，即《上农》《任地》《辩土》《审时》，四篇共同构成一个完整系统的农业思想和理论体系，核心思想就是要突出发展农业的重要性，强调农业生产对于国家政治经济军事的

---

① 参见王毓瑚：《中国农学书录》附录，农业出版社1979年。

重要意义。同时，指导官吏和农民掌握农业生产经验和规律，官吏要督促农业生产，农民则应专心致志从事农业生产。该书反映了当时中国有关农业政策和农业思想的最高水平。

《上农》篇主要论述农业生产活动的重要性和政府必须重视农业生产的必要性。开篇就指出："古先圣王之所以导其民者，先务于农；民农非徒为地利也，贵其志也。"同时，农业被赋予了许多重要的功能，提出了农业生产活动对于国家和百姓的三方面意义，"民农则朴，朴则易用，易用则边境安，主位尊。民农则重，重则少私议，少私议则公法立，力专一。民农则其产複，其产複则重徙，重徙则死其处而无二虑"。同样，百姓不从事农业生产则存在三方面的危害："民舍本而事末则不聆，不聆则不可以守，不可以战。民舍本而事末则其产约，其产约则轻迁徙，轻迁徙则国家有患，皆有远志，无有居心。民舍本而事末则好智，好智则多诈，多诈则巧法令，以是为非，以非为是。后稷曰：所以务耕织者，以为本教也。"可见，《上农》篇就是重农思想和愚民思想的结合，这是秦国自商鞅变法以来一直执行的政策路线。

《任地》《辩土》《审时》三篇主要论述如何经营土地、如何耕作土地和农业生产与农时的关系，是对当时农业知识与技术的总结，具有十分重要的参考价值。例如，提出耕作的五大原则，要根据土壤的实际状况进行耕作，"凡耕之大方：力者欲柔，柔者欲力；息者欲劳，劳者欲息；棘者欲肥，肥者欲棘；急者欲缓，缓者欲急；湿者欲燥，燥者欲湿"。就是说土地耕作必须考虑土地坚硬与柔软的程度、土地是否休耕、土地是贫瘠还是肥沃、土地是夯实还是疏松、土地是湿度是否合适等，这些都是土地耕作不能回避的问题。还提出不仅要力耕疾作，还要精耕细作，“上田弃亩，下田弃甽；五耕五耨，必审以尽。其深植之度，阴土必得；大草不生，又无螟蜮；今兹美禾，来兹美麦”。就是说在播种之前要耕五次，播种之后要锄五次，耕耨一定要精细详尽，这就是农业生产活动中的辩证法。提出种植农作物要特别注意防止“三盗”，即地盗、苗盗和草盗，减少因为这些不当的生产行为所导致的农业生产浪费。所谓“地盗”是指甽大亩小造成的浪费，所谓“苗盗”是指苗无行列而又太密造成的浪费，所谓“草盗”是指苗无行列而又太稀造成的浪费。建议必须做广而平的亩，小而深的甽。此外，关于播种、覆土、定苗等都有具体的方法和论述。①

(2)《氾胜之书》

《氾胜之书》作者氾胜之是西汉末年人，生卒年不详。历史记载他曾在京师地区指导过农业生产，“使教田三辅，有好田者师之”。② “氾胜之督三辅种麦，而关中遂穰。”③氾胜之倡导重农思想，提出“神农之教，虽有石城汤池，带甲百万，而又无粟者，弗能守也。夫谷帛实天下之命”。

他十分重视作物栽培技术和掌握农时，提出耕作栽培的总原则是“凡耕之本，在于趣时，和土，务粪泽，早锄早获，”“得时之和，适地之宜，田虽薄恶，收可亩十石”。他专门介绍了禾、黍、麦、稻、稗、大豆、小豆、枲、麻、瓜、瓠、芋、桑等 13 种

① 参见夏纬瑛：《吕氏春秋上农等四篇校释》，中国农业出版社 1979 年第二版。
②《汉书・艺文志》注刘向语。
③《晋书・食货志》。

作物的栽培方法，特别是论述了耕作、播种、中耕、施肥、灌溉、植物保护、收获等生产环节，可以说这是中国传统农业选择精耕细作发展道路的真实写照。他特别介绍了区田法这种栽种方法，成为后世了解区田法的重要文献依据。①

《氾胜之书》是继《吕氏春秋·上农》四篇之后最为重要的农学著作，它客观反映了西汉时期中国农业生产的发展水平和农业生产的技术水平，充分表明西汉时期中国传统农业已经走上了精耕细作的发展道路。

(3)《齐民要术》

《齐民要术》作者是北魏时期人贾思勰，生卒年不详，该书大约写作于6世纪的三四十年代。编写该书的目的是要为百姓从事农业生产活动编写一本知识与技术书籍，他坚持的原则就是“采捃经传，爰及歌谣，询之老成，验之行事”②。就是说他是从历史典籍、民间歌谣、有经验的老农那里获得知识和技术，然后以自己的实践来验证这些农业生产经验和技术。因此，《齐民要术》具有很强的实践性和科学性，是后世农书写作的典范。例如，这本书所引述的前人著作有150多种，农谚歌谣30多条，许多内容来自他自己的农业生产管理经验。

《齐民要术》是一部专门论述农业生产活动和农业生产技术的著作，全书共十卷九十二篇。前六卷分别论述农、林、牧、渔各业的农业知识和生产技术，紧接着的三卷分别论述

---

① 参见董恺忱、范楚玉主编：《中国科学技术史：农学卷》，第199—208页，科学出版社2000年。

②《齐民要术·序》。

农副产品加工知识与技术，最后一卷论述了南方植物。全书内容广泛，以种植业为主，包括了桑蚕、林业、畜牧、养鱼、农副产品加工储藏等方方面面。在种植业中，论述了粮食作物、园艺作物、纤维作物、油料作物、染料作物、饲料作物等各种作物生产。在论述作物栽培技术时，包括耕地选择、品种选育、茬口安排、土壤耕作、种子处理、播种时期、播种技术、中耕除草、施肥灌溉、植保技术、收获保藏等环节。《齐民要术》几乎可以说是当时北方地区农业生产生活的“百科全书”，贾思勰说它“起自耕农，终于醯醢，资生之业，靡不毕书”。

《齐民要术》的核心思想，首先是重视农业生产活动，“食为政首”。贾思勰站在促进农业生产进步与发展的角度，反对抱残守缺，鼓励生产实践，他说：“神农、仓颉，圣人也；其于事也，有所不能矣。故赵过始为牛耕，实胜耒耜之利；蔡伦立意造纸，岂方缣牍之烦？且耿寿昌之常平仓，桑弘羊之均输法，益国利民，不朽之术也。谚曰：‘智如禹汤，不如尝更。’是以樊迟请学稼，孔子答曰：‘吾不如老农。’然则圣贤之智，犹有所未达，而又况于凡庸者乎？”①历史上那些推广农业生产技术的人士，在他的笔下都被记录得栩栩如生。农业生产不仅仅是政府要重视的大事业，也是农户要重视的小事业，他认为“家犹国，国犹家”。其次是重视农业生产规律，主张将天时、地利与物宜结合起来，强调因时制宜、因地制宜、因物制宜。贾思勰指出：“顺天时，量地利，则用力少而成功多。

①《齐民要术·序》。

任情返道，劳而无获。”①耕种土地也要追去精耕细作，不宜一味追求规模，他曾引述民谚“顷不比亩善”来说明精耕细作的必要性，指出“凡人家营田，须量己力，宁可少好，不可多恶”②。再次是重视农业多种经营，书中论述了粮食作物、经济作物、园艺作物、林木桑蚕、畜牧养殖和牛副产品加工等内容，特别是记载了许多农副产品加工的技术和方法，包括酿酒、制醋、制酱、制豉等技术和方法，这是以前农书中很少见的。

《齐民要术》是战国秦汉以来黄河流域传统农业知识与技术的系统总结和集大成者，是中国农学发展的一个里程碑。③

(4)《陈旉农书》

《陈旉农书》作者是南宋时期人陈旉(1076 年—?)，该书大约成书于南宋绍兴十九年(1149 年)。他是道教徒，“平生读书，不求仕进，所至即种药治圃以自给”。《陈旉农书》分上中下三卷，上卷论述土壤耕作和作物栽培；中卷牛说，论述耕畜饲养管理；下卷蚕桑，论述种桑养蚕技术。

《陈旉农书》上卷以“十二宜”为篇名，强调农业生产要协调合适、恰到好处。“十二宜”包括：财力之宜，提出经营规模要与财力、人力相适应；地势之宜，提出农田基本建设要与地势相适应；耕耨之宜，提出整地中耕作要与地形相适应；天时之宜，提出农事安排要与节气相适应；六种之宜，提出作物生

---

①《齐民要术・种谷第三》。

②《齐民要术・杂说》。

③ 参见董恺忱、范楚玉主编：《中国科学技术史：农学卷》，第 238—240 页，科学出版社 2000 年。

产要与月令相适应；居处之宜，提出农业生产要与生活相适应；粪田之宜，提出粪肥种类要与土壤形制相适应；薅耘之宜，提出中耕除草要因时因地制宜；节用之宜，提出消费要与生产相适应；稽功之宜，提出赏罚要与勤惰相结合；器用之宜，提出物质准备要与生产相适应；念虑之宜，精神准备要与生产相适应。就是要学会处理好农业生产中的各种关系，以期达到最佳的生产效果。例如，在讲财力之宜时，他引用民谚“多虚不如少实，广种不如狭收”，提出“农之治田，不在连阡跨陌之多，唯其财力相称，则丰穰可期也审矣”。在讲天时之宜时，他说：“农事必知天地时宜，则生之、蓄之、长之、育之、成之、熟之，无不遂也。”

《陈旉农书》中卷首次系统地讨论了耕牛问题，自秦汉以降，耕牛已经在农业中大量使用，但是深入研究和论述耕牛的著述很少。陈旉最早将耕牛作为研究对象，指出人们的衣食财用，非牛无以成其事，牛之功多于马，因此对牛必须有“爱重之心”。可见在两宋时期，耕牛的作用已经到了多么重要的程度。他从牧养、役用、医治三个方面论述了耕牛问题。例如，在谈牧养时，强调要“顺时调适”，牧养结合，牢栏清洁；在谈役用时，强调要“勿竭其力”“勿犯寒暑”“勿使太劳”；在谈医治时，强调要辨证施治、对症下药、防治疫病等。下卷蚕桑的内容主要是详细介绍了种桑养蚕的技术与方法，这方面的经验与做法均来自长江流域和长江以南地区。①

① 参见董恺忱、范楚玉主编：《中国科学技术史：农学卷》，第451—455页，科学出版社2000年。

《陈旉农书》是最早对长江流域和长江以南传统农业知识与技术进行总结和概括的农学著作，在中国农学史上具有特殊的地位。

(5)《王祯农书》

元代共有三部农书，分别是《农桑辑要》《王祯农书》和《农桑衣食撮要》。这里仅选取《王祯农书》做一简介。《王祯农书》的作者是元代人王祯(1271—1368 年)，史册说他是“东鲁名儒，年高学博，南北游宦，涉历有年”。该书由三部分组成，第一部分为“农桑通诀”，主要是对于农业生产和经营管理的综合性论述，例如天时、地利、人力的关系，春耕、夏耘、秋收、冬藏的生产经营等；第二部分为“百谷图”，主要是论述了 80 多种植物的栽培、保护、收获、贮藏和加工利用的技术与方法；第三部分为“农器图谱”，收集绘制了 306 件图，其中许多农具和机械已经失传，所以这部分图谱尤为珍贵。

《王祯农书》在农学史上所以具有重要地位，主要是因为它开创了两个方面的先河。其一，它将产生于黄河流域的北方旱作农业知识与技术体系同产生于长江流域和长江以南地区的南方稻作农业知识与技术体系，共同编入一本农学著作之中。他说：“今并载之，使南北通知，随宜而用，使无偏废，然后治田之法，可得论其全功也。”例如，对于南北方耘薅方法的不同，他并没有做高低好坏的评价，而是一并收录，“今采摭南北耘薅之法，备载于篇，庶善稼者相其土宜择而用之”①。南北方的农业生产知识与技术，终于在这部著作中

①《王祯农书·锄治篇第七》。

开始“相会”了。其二，它大量收录“农器图谱”，并通过文字记述其结构、功能、用法，还配有韵文和诗歌进行描绘。这就为农业知识和技术的推广创造了条件，在传统农业时代，农业生产者不具有太高的识字能力和文化水平，图谱的宣传效果更适用于劳动群众。同时，大量图谱也为我们保留下来了许多宝贵的工具形式和文化记忆，这也是《王祯农书》不可替代的价值所在。

(6)《农政全书》

明清时期是中国农学蓬勃发展的时期。印刷技术和印刷水平的提高，加快了农学著作的印制刊行。在王毓瑚的《中国农学书录》收录的540余种农书中，有329种是这一时期编写刊行的。这一时期农学著作之所以大量出现，根本原因还是中国传统农业这时已经达到了发展的繁盛时期，无论是北方旱作农业知识与技术体系，还是南方稻作农业知识与技术体系，都达到了很高的水平。《农政全书》便是其中重要的代表。

《农政全书》的作者是徐光启(1562—1633年)，松江(今上海)人。他出生在当时经济最发达的地区，对于当地繁荣的农业经济有切身的了解。他长期研究农业生产和农学思想，并亲身参与农业生产活动，积累了丰富的农学知识。“其平生所学，博究天人，而皆主于实用。至于农事，尤所用心，盖以为生民率育之源，国家富强之本。”①他自己说：“余生财富之地，感慨人穷，且少小游学，经行万里，随事咨询，颇有本

①《农政全书·凡例》。

末。"[1]其子徐骥也说他:"于物无所好,惟好学,惟好经济。考古证今,广咨博讯,遇一人辄问,至一地辄问,问则随闻随笔,一事一物,必讲究精研,不穷其极不已。"[2]《农政全书》凝聚了他毕生的心血与愿望,在他去世后的第六年即1639年刊行。全书共分为十二门,包括农本、田制、农事、水利、农器、树艺、蚕桑、蚕桑广类、种植、牧养、制造、荒政等。书中有关垦辟、水利、荒政的内容很多,是全书的重点,反映了他心思所系。

《农政全书》较以前的农书更具有时代特点,更加科学规范实用。他对于新作物栽培种植十分关心,"每闻他方之产乐意利济人者,往往欲得而艺之"。他得知闽越一带种植甘薯,专门引种试种,成功之后写出《甘薯疏》,用以推广甘薯种植。他仔细研究棉花种植,专门介绍了长江下游棉花栽培经验,包括棉花种植制度、土壤耕作、丰产措施等,总结出了"精拣核、早下种、深根、短干、稀科、肥壅"的棉花种植十四字诀。

徐光启《农政全书》的贡献有二。一是他倡导的农政思想是中国传统农本思想的继承与发扬,由于他对商品经济的认识已经不同于以往的重农抑商论,因而他倡导崇本而不抑末。在谈论农事时也主要是讨论屯垦、水利和荒政,讨论农业生产技术。二是他十分关注农业生产实践和实践经验,对于前人研究成果能够科学分析,去伪存真。这在明末那个社会环境中,殊为难得。《农政全书》是明朝晚期系统反映和记

---

① 《农政全书·卷三十八》。

② 徐骥:《文定公行实》,见王重民辑校《徐光启集》附录一,上海古籍出版社1984年。

录中国传统农业知识与技术体系的“百科全书”。

3. 农业生产生活的完美写照:耕织图

中国传统社会政府高度重视农业和农业生产,不仅仅是通过制定各种重视农业生产的政策和措施来实施,而且还通过多种形式的奖励和提倡来落实,特别是运用百姓熟悉的方式进行宣传和倡导。流传千年的《耕织图》就是一个十分有趣的现象。

(1) 南宋楼璹所作《耕织图》

最早的《耕织图》是南宋楼璹①于绍兴年间所作。他以图画方式绘制了当时南方稻作农业地区耕织经济活动的真实画面,《耕织图》有图 45 幅,其中耕图 21 幅,织图 24 幅,被后世称为“世界首部农业科普画册”。21 幅耕图从浸种到入仓,包括浸种、耕、耙耨、耖、碌碡、布秧、收刈、簸扬、入仓等环节;24 幅织图从浴蚕到剪帛,包括浴蚕、下蚕、喂蚕、一眠、余桑、上簇、择茧、络丝、攀花、剪帛等过程。楼璹用绘画和诗歌的方式记录当时南方较为先进的农业生产与农业科技知识,取得了意想不到的良好传播效果。首先,通过绘画方式进行传播,很受百姓欢迎,许多生产经验、劳动过程、生产环节用图示表达,既清晰又明确,读者一目了然,不需要做复杂的文字解读。其次,通过诗歌方式传播,更容易为百姓吟诵,许多时令要求、生产诀窍、灾害防范知识通过诗歌吟唱,熟记于心,老少皆宜,易于传播。此外,在传统社会中广大农业生产

① 楼璹(1090—1162 年),今浙江宁波人。1133 年任于潜(今浙江省临安市)县令,绘制《耕织图诗》45 幅,每图皆配以五言八句诗,反映江南农业情况。1135 年,通判邵州;1155 年,知扬州;累官至朝仪大夫。

者的识字率和教育程度很低,不可能阅读复杂的农书等农学著作,《耕织图》就成为农业生产者了解和掌握生产知识与生产技术的一个基本途径。

《耕织图》之所以影响较大,还因为来源于实际的生产实践。楼璹对南方农业和手工业生产进行了深入观察和体验。据传他任于潜县令时,经常深入田间地头、乡村农家,讨教种田、植桑、织帛等生产经验和生产技术。例如,《灌溉》《一耘》图就绘制出了当时南方所使用的戽斗、桔槔和龙骨车抽水灌田的情景;《收割》图就绘制出了农村繁忙的收割场景;《织》和《攀花》图就绘制出了当时纺织使用的素织机和花织机。

楼璹还给每一幅图都配写了一首五言诗,许多诗读来轻松简洁、朗朗上口。其侄楼钥说:"图绘以尽其状,诗歌以尽其情,一时朝野传诵几遍。"①这里仅引几首,以供欣赏。

《浸种》诗写道:"溪头夜雨足,门外春水生。筠篮侵浅碧,嘉谷抽新萌。西畴将有事,耒耜随风兴。只鸡祭句芒,再拜祈秋成。"

《插秧》诗写道:"晨雨麦秋润,午风槐夏凉。溪南与溪北,啸歌插新秧。抛掷不停手,左右无乱行。我将教秧马,代劳民莫忘。"

《入仓》诗写道:"天寒牛在牢,岁暮粟入庾。田父有余乐,炙背卧檐庑。却愁催赋租,胥吏来旁午。输官王事了,索饭儿叫怒!"

《祭神》诗写道:"一年农事稠,民庶皆安逸。歌谣遍社

① 楼钥:《攻媿集》卷七十六,《跋扬州伯父"耕织图"》。

村，共享升平世。五风君德生，十雨苍天济。当年后稷神，留与后人祭。”

《浴蚕》诗写道：“农桑将有事，时节过禁烟。轻风归燕日，小雨浴蚕天。春衫春缟袂，盆池弄清泉。深宫想斋戒，躬桑率民先。”

《采桑》诗写道：“吴儿歌采桑，桑下青春深。邻里讲欢好，逊畔无欺侵。筠篮各自携，筠梯高倍寻。黄鹂饱紫葚，哑屹鸣绿荫。”

《织》诗写道：“青灯映帷幕，络纬鸣井栏。轧轧挥素手，风露凄已寒。辛勤度几梭，始复成一端。寄言罗绮伴：当念麻苧单！”

南宋王朝大力推行《耕织图》，几乎各州、县都绘制传播。元代把它编入《农桑图说》，明代则把它编入《便民图纂》，都是为了更好地记载和传播。

(2) 清代康雍乾官修《耕织图》

清代则由于《耕织图》受到康熙、雍正、乾隆三朝君主的欣赏而广受重视。他们都请人再度绘制《耕织图》，将图增至46幅，耕图、织图各23幅，并都亲自配写诗词，加以推广传播。一时间，朝野上下都纷纷刻印钦定版本的《耕织图》，《耕织图》的普及达到了前所未有的程度。

如今我们看到的康熙版《耕织图》及诗中，耕部图及诗有浸种、耕、耙耨、耖、碌碡、布秧、初秧、淤荫、拔秧、插秧、一耘、二耘、三耘、灌溉、收刈、登场、持穗、舂碓、筛、簸扬、砻、入仓、祭神；织部图及诗有浴蚕、二眠、三眠、大起、捉绩、分箔、采桑、上簇、炙箔、下簇、择茧、窖茧、练丝、蚕娥、祀谢、纬、织、络丝、经、染色、攀花、剪帛、成衣。只是较之于楼璹的诗，这些君主的诗少了许多生活气息和乡土气息。仅选康熙所作数首，略见一斑。

《耕》诗写道："土膏初动正春晴，野老支筇早课耕。辛苦田家惟穑事，陇边时听叱牛声。"

《耙耨》诗写道："每当旰食念民依，南亩三时愿不违。已见深耕还易耨，绿蓑青笠雨霏霏。"

《初秧》诗写道："一年农事在春深，无限田家望岁心。最爱清和天气好，绿畴千顷露秧针。"

《淤荫》诗写道："从来土沃藉农勤，丰歉皆由用力分。薙草洒灰滋地利，心期千亩稼如云。"

《收刈》诗写道："满目黄云晓露晞，腰镰获稻喜晴晖。儿童处处收遗穗，村舍家家荷担归。"

《织》诗写道："从来蚕绩女功多，当念勤劳惜绮罗。织妇丝丝经手作，夜寒犹自未停梭。"

《耕织图》前后历时近千年，它既是中国劳动人民耕织经验的结晶，也是中华文明的宝贵财富。

九、传统农业的困境与衰落

文化人类学的一般原理告诉我们：一旦某一种文化构成内在的全部潜能发挥到了极限状态，并且达到了对其环境的完满适应，那么这一文化系统就必将趋于稳定，它向更高等级的文化进化的潜势便会减弱。在这种状态下，这一文化系统的重新适应就会产生困难。因为适应性在一定时候也是一种自我限制和内在制约，一旦某种文化完全适应了，那么这一文化的发展也就终止了。也就是说，任何一种文化系统都有一个从优势发挥向劣势显现的转化过程，愈是长期存在和稳定不变，愈是充分和超常发展，劣势的出现就愈强烈。

中国传统农业在漫长的发展中表现出了巨大的优势，它摧毁并改造着中华大地的各种非农经济生活，塑造了传统农业社会的人文、经济景观。那么，这种农业文明是否也存在着从优势向劣势的转化？传统农业经济是否一直保持有强烈的冲动和发展余地？传统农业的增长是否已接近发展的极限？传统农业的超常规发展又带来了哪些不利影响？

1. 传统农业的发展极限

农业生产是自然、生物和人的活动交织在一起的一种经济活动，自然规律、生物规律和经济规律在这种活动中共同起作用。唯其如此，任何一个因素或一种规律发生变化都会给农业生产带来影响和限制。例如，作为自然条件和因素之一的季节，对农作物的生长就会带来在传统时代无法克服的天然制约。自然的春夏秋冬同生物的生长周期结合在一起，造成了农业生产时间和空间上的限制。又如，生物生长的规律也是无法逾越的，在传统时代人们对生物和生物规律的认识十分有限，人的经济活动还只是停留在适应和利用生物规律的水平上。再如，个体小农的小规模经营，在传统时代长久地被证明是一种最有效的生产经营形式，在组织和规模上试图对这种形式的超越从来就没有成功过。正是由于农业生产各种要素和各种规律的相互制约及其所表现出的有限性，势必导致农业在一定条件会出现发展的极限。

所谓发展的极限，是指一种事物在一个特定状况下，它的发展有一个可以界定的限度。它既可以表现为该事物逼近自身发展的极限，也可以表现为一种日趋逼近极限的趋势。在这个极限之内，事物的发展可以以原有的方式、结构和原有因素的追加按照原有道路持续发展；超过这一界限，事物的发展就必须改变原有的方式、结构、因素组合和原有的运行轨迹，否则，它就会因为出现发展的极限而趋于稳定、僵化。

中国传统农业是否已经出现了发展的极限呢？回答是肯定的。我们认为，传统农业在宋代之后日渐逼近发展的极限，劣势日趋明显的表现出来。

(1) 土地稀缺日益加剧

农业生产最主要的劳动对象是土地。土地尤其是耕地的有限性必然使农业生产在广度发展和规模扩张方面受到根本性制约。土地的数量和质量,尤其是人均占有耕地的数量直接制约着一个社会经济发展的水平。中国传统社会中土地资源并不丰富,随着人口激增,土地日渐稀缺。元代以前,耕地一直在四亿亩之下,明清时期耕田开始迅速增加。这从上述中可略见一二。但是,必须指出的是:第一,在大量新增耕地中,肥沃的高产土地很少,大量的是各种比较贫瘠的垦田,如盐碱地、山地、湖滩等。贫瘠土地大量进入生产领域,是农业生产条件恶化的标志之一,它加剧了农业劳动投入的增多和农业产出的减少。第二,虽然耕地总数呈增长趋势,但是由于土地的增长远远抵不上人口增长的速度,人均占有耕地则长期呈下降趋势。东汉时人均耕地约为十亩,南宋时下降至五亩,清代则降至三亩左右。土地资源的日益稀缺和品质下降是农业发展的极限因素。

传统农业造成的对土地不合理利用,也对农业的发展造成了巨大损害。向草地、森林、水域和山丘的进军,不仅造成了严重的生态危机,而且还带来了严重的社会经济后果。[①] 中国传统农业发端于平原农业区域,经过数百千岁的开发垦殖和生息繁衍,平原地区土地日益狭小紧张,因而不得不开展扩地运动和造田运动。扩地运动,即农业由黄河流域向长江流域、淮河流域及珠江流域的扩张,大规模的扩地运动大约在唐代之后转入低潮。而造田运动也不适于各种低品质

---

① 参见傅筑夫:《土地的不合理利用及其对农业的危害》,载《中国经济史论丛》(续集),人民出版社 1988 年。

土地和零星土地的改造。大约在宋代以来造田运动大规模展开。与水争田、与山争田,在一定程度上扩大了耕地,增加了粮食产量。但是这种造田运动的收益却远远不能抵偿由此造成的祸害,这种祸害是遗患无穷的。

(2) 农业技术较少突破

农业生产技术和劳动工具落后且很少变化。中国传统农业的生产技术与劳动工具体系,自从汉代确立之后几乎没有发生过重大变革。传统农业技术的最显著特点就是精耕细作,无论是北方旱地农业知识与技术体系,还是南方稻作农业知识与技术体系都在向着日趋精耕细作的方向发展。大量的劳动力投入到农田修整、水利排灌、田间管理、施肥育种等环节。人们一代又一代地沿袭并强化旧的生产方式,使用并保持旧的生产工具,遵守并完善古老的生产经验。正是由于这种农业生产技术还停留在经验形态,需要每一代生产者在有限的直接传授下从头体验,因而极易被各种因素所打断。所以“传统的中国小农业技术体系很难通过持续的积累而加速进步,虽然可以在一定的开发层次内达到比较完善的程度,却不能不对开发层次的跃迁表现出墨守成规的倾向”①。传统农业工具的变革更是微小,简单的铁制农具、木石复合农具以及单纯的木制农具长期被使用。农业生产的动力主要依赖于大牲畜,如马、牛之类,而且在明清还出现了人力排斥畜力的现象,因而在资金、技术、人力等项农业投入

① 中国农村发展问题研究组:《农村经济变革的系统考察》,第19—20页,中国社会科学出版社1984年。

要素中，资金和技术投入都不是主要的，只有人力投入增加最快。也就是说，传统农业的发展在很大程度上是靠大量投入劳动力取得的。这种农业技术和生产工具的落后性、停滞性使传统农业通过变革生产技术来提高劳动生产率的做法几乎成为不可能。

(3) 劳动力投入越走越窄

传统农业在资金、技术严重不足的约束下，选择了主要依靠投入大量劳动力来换取发展的道路，而这条道路越走越窄，几成死路。投入人的劳动，一方面是由于传统社会中人力资源的丰富和劳动力价值的低廉，增加一个劳动者往往不会明显增加个体小农的经济负担；另一方面则是由于个体小农在资金、技术严重缺乏的条件下，只有通过追加人力来进行扩大再生产。从短期和微观角度看，不断追加人力似乎还没有明显的危害。但是，从长期和宏观角度看，其危害则显而易见。人既是生产者又是消费者，在资金、技术、土地严重短缺的情况下，大量投入人力的结果，势必加剧人与土地、人与资金的紧张关系，从而使单方面的人力投入不能带来社会经济的正效应。事实上，传统农业从隋唐以后就已开始出现农业边际收益递减的现象和趋势，也就是说，出现每多投入一个劳动力，他所能生产的粮食越来越少的现象和趋势。我们可从人均占有粮食的数量间接看到这一趋势。中国传统社会人均粮食最高峰是在唐代，约人均 1000 公斤，此后急剧下降，到清末时人均有粮仅为 250 公斤，是整个传统时代水平最低的。

(4) 小规模经营日趋萎缩

传统农业选择了一家一户的个体小农的小规模经营为

其生产组织形式。在传统时代前期，这种生产组织形式充分发挥了其巨大的生产组织优越性。但在传统社会后期，这种生产组织的劣势便日益暴露出来，成为农业发展的严重组织障碍。一是它在生产规模和组织规模上根本制约了农业的发展，个体小农的小规模经营不断地收缩，而且越来越小，这种小型化趋势在没有现代技术的时代，本身已达到了极限，也就是说，它已达到了无法再小的程度。二是在传统技术基础上的精耕细作已经达到了相当高的水平，可以挖掘的潜力已十分有限，没有更多的发展余地了。向农业生产深度和广度的进军受到时代技术、资金和生产组织的限制。三是小农经济日益多地投入劳动力，不仅不能使农业收益的增多，而且也使自身背上了沉重的人口负担。明清时期，许多地方都已出现了土地人力投入饱和的趋势。小农经济境况日益恶化，抵抗天灾人祸的能力每况愈下，它对农业发展所造成的障碍难以跨越。

正是基于以上情况，中国传统农业发展的极限在明清时期已经表现出来。不彻底改变传统农业的发展道路，中国农业就没有出路。

2. 传统农业衰落的原因

中国农业现代化是不可逆转的历史趋势。但是，由于中国传统农业超常的发展和严重的偏离运动，不仅使传统农业的发展陷入严重困境，而且也使改造传统农业的历史任务十分艰巨。中国传统农业经济的发展偏离也可理解为选择失误。这种发展偏离和选择失误主要表现在以下几方面：

(1) 单一农业种植业缓慢生长

中国传统农业很早就走上了单一的农业种植业发展的主谷式跛足农业的发展道路。黄河流域和长江流域为农业发展提供了广阔空间,农业日益超常规繁荣发展。农区经济经历了初级农牧混合型经济(约当夏商周三代时期)→农重牧轻型经济(约当春秋战国时期)→单纯农业型经济(秦汉以降)的演进轨迹。农业对牧畜业等其他各种非农产业的排挤不仅在农业区域中不断深化,而且在农牧混合区和非农区中也蔓延扩大。社会普遍的重农意识也推动着政府和人民进一步强化这种偏离运动与失误选择。特别是在战国之后,随着精耕细作农业的形成和大量荒地的开垦,农业的巨大优越性充分展现,它带来了其他经济活动所无法企及的农业文明和社会昌盛。农业因此走上了主谷式为特征的轮作复种制发展道路。

在这种主谷式农业发展道路中存在着三个或三次偏离运动。一是农业和畜牧业中的偏离运动,选择并发展农业,放弃并排挤畜牧业,导致单纯农业经济的超常发展,畜牧业被排挤到农业经济区域之外的草原沙漠地区;二是在农业生产中的偏离运动,植物种植得到推广和强化,农业中的畜禽饲养被忽略和削弱,家庭饲养业降为家庭农业的辅助经济,导致主谷式单纯植物种植农业超常发展;三是种植业中的偏离运动,粮食作物由于攸关国家生存而得到高度重视,经济作物种植被忽视和削弱,其结果是种植业日益成为仅仅维持庞大人口生存的经济活动,社会分工和深度劳动不发达。中国农业这种日趋简单、日趋一致的偏离运动使其丧失了多种发展的可能性，加速了农业发展极限的到来。

事实上，长城是中国传统社会最明显的农牧分界线，农业和畜牧业的消长基本上是在长城这一条分界线内外移动。李约瑟提出这样的观点：长城修筑在何处，其选择路线是根据农业生产的可能性来决定的。把草原和耕地分开，目的既为了把游牧的骑兵挡在外面，也是为了把农业人口保持在长城以内。传统中国所根基的是农业而非畜牧业，要巩固农业帝国的稳定，就必须把非农经济和非农民族排挤出去。

(2) 对劳动力投入的严重依赖

中国传统农业在经济发展要素投入中，选择或偏重人力投入而忽略技术、资金投入，造成重人力、轻技术和资金的农业发展路径。由于传统农业在扩大再生产中，严重地依赖劳动力的大量投入，形成畸形发展的劳动密集农业。这种劳动高度密集的农业发展途径也是造成宋代以后人口压力日甚一日的重要经济根源。在中国传统社会中，农业生产一直不是经济要素投入的重点领域，持有大量财富的社会阶层热衷的只是土地所有权的占有，而不是农业生产经营；个体小农则由于长期处于经济匮乏中而无力投资于生产。因而，真正关心农业生产活动的个体小农只能通过大量追加劳动力来换取农业的有限发展。而高人口密度不仅严重地排挤畜牧业发展的可能性(因为生产一斤肉或奶制品需要耗费更多的饲料粮)；而且加剧了农业生产条件的进一步匮乏和恶化。这种发展农业的结果，则使农业表现为极高的土地生产率和极低的劳动生产率。传统农业所依赖的独特的发展条件，本身就已经成为制约其进一步发展的沉重负担。造成的严重后果突出地表现为这样几个方面：一是加剧了人口与土地的尖锐矛盾，人口日多，土地日少，农业生产形成人与地的恶性循环：人口压力→农业集约→人口需求→人口压力→农业更加集约……二是大大降低了农业生产组织抗御各种天灾人祸的能力，脆弱的小农经济处于风雨飘摇之中；三是造成了社会中大量闲置的人口，他们生计困难，成为导致社会不稳定的重要因素。

（3）小农经济的优势日渐衰减

传统农业经营组织长期以来固定地选择个体小农经济经营形式，其优势在不断被削弱，劣势日益明显。小规模经营随着传统农业的发展表现出巨大的历史落后性，成为农业组织变革和经营变革的严重障碍。小农经济经营土地规模大小的原则是“宁可少好，不可多恶”。这种规模小得可怜的经济极易破产，一遇水旱，狼狈无策，只有流离失所，哪里还有经济力量从事较大规模或新型的土地经营。小农经济是一种日渐失去活力的经营形式。

（4）低层次平面垦殖局限不断扩大

传统农业走了一条低层次平面垦殖的发展道路。土地不断垦殖，农业不断发展，许多非农业区域被农业化浪潮所吞没和改造，直至“田尽而地，地尽而山”，“四海之内，高山绝壑，来耕亦满”。但是，从经济结构和开发层次角度看，仅仅是生产力和生产量在量上的扩大，没有也不可能引起社会分工的深入发展，更不会带来更高层次的经济开发。因为导致农业扩张的直接动因是粮食的需求得不到充分可靠的满足，单一化的需求只需要单一化的努力来满足。马克思在谈到资本的产生时曾指出:“资本的祖国不是草木繁茂的热带,而是温带。不是土壤的绝对肥力,而是它的差异性和它的自然产品的多样性,形成社会分工的自然基础,并且通过人所处的自然环境的变化,促使他们自己的需要、能力、劳动资料和劳动方式趋于多样化。”①也就是说,导致并促进资本这一新的经济因素和经济关系产生与发展的并不是资源的丰饶,而是在利用自然资源基础上的社会分工的发展程度。利用自然资源的多样化势必体现为社会分工的发达,发达的社会分工必将孕育出丰富的社会关系。中国传统农业所表现出的特征,是量的无限扩张和质的一成不变,因而不可能引发产生出新的、丰富的经济关系和经济结构来。历史的结论就是:虽然整体庞大但内部组织相似的中国传统农业经济结构,最终也未能孕育并推动新的经济结构的出现。

中国传统农业经历了两千多年漫长的发展历程,其内在经济动力出现萎缩的趋势,发展前景也出现暗淡的阴影,其劣势却明显地表现出来。到了明清时期,由于西方资本主义和工业革命的发生,东西方的发展出现了巨大的反差,中国传统农业陷入了深深的困境和危机。

1840 年的鸦片战争,揭开了中国社会经济近代化的序幕。随着西方资本主义政治和经济势力的侵入,中国传统农业经济结构开始解体。在国际资本帝国主义主导的全球化压力下,在国内政府推动的工业化的重负下,传统农业经济结构发生了严重的畸变,它不仅无法面对新的形势、承担新

---

①《马克思恩格斯全集》23 卷,第 560 页,人民出版社 1972 年。

的任务,反而丧失了维持再生产的起码条件。在日益恶化的经济条件下,传统农业危机进一步加深,中国农村、农业和农民问题空前严峻。这就是中国共产党发动和领导新民主主义革命和社会主义革命的最重要经济因素。

主要参考书目

贺耀敏:《中国经济史》,人民出版社 1994 年。

刘占昌、贺耀敏:《跨世纪的农业:中国农业现代化探索》,中共中央党校出版社 1994 年。

冀朝鼎:《中国历史上的基本经济区》,商务印书馆 2014 年。

傅筑夫:《中国经济史论丛》,生活·读书·新知三联书店 1980 年。

傅筑夫:《中国经济史论丛》续集,人民出版社 1988 年。

梁方仲:《中国历代户口、田地、田赋统计》,上海人民出版社 1980 年。

郭文韬:《中国古代的农作制和耕作法》,中国农业出版社 1981 年。

中国农业科学院、南京农学院所属中国农业遗产研究室:《中国农学史》,科学出版社 1984 年。

董恺忱、范楚玉主编:《中国科学技术史(农学卷)》,科学出版社 2000 年。

宁可主编:《中国经济发展史》第二、三册,中国经济出版社 1999 年。

清华大学图书馆科技史研究组编:《中国科技史资料选

编(农业机械)》,清华大学出版社 1982 年。

姚汉源:《中国水利发展史》,上海人民出版社 2005 年。

张岂之主编:《中华优秀传统文化核心理念读本》,学习出版社 2014 年。

安格斯·麦迪森著,伍晓鹰等译:《世界经济千年史》,北京大学出版社 2003 年。

教育部哲学社会科学研究普及读物书目
（有*者为已出书目）

2012 年度

《马克思主义大众化解析》 陈占安

*《马克思告诉了我们什么》 陈锡喜

《为什么我们还需要马克思主义——回答关于马克思主义的 10 个疑问》 陈学明

《党的建设科学化》 丁俊萍

*《〈实践论〉浅释》 陶德麟

《大学生理论热点面对面》 韩振峰

*《大学生诚信读本》 黄蓉生

《改变世界的哲学——历史唯物主义新释》 王南湜

《哲学与人生——哲学就在你身边》 杨耕

*《人的精神家园》 孙正聿

*《社会主义现代化读本》 洪银兴

《中国特色社会主义简明读本》 秦宣

《中国工业化历程简明读本》 温铁军

《中国经济还能再来 30 年快速增长吗》 黄泰岩

*《读懂中国经济指标》 殷德生

*《经济低碳化》 厉以宁 傅帅雄 尹俊

《图解中国市场》 马龙龙

*《文化产业精要读本》 蔡尚伟 车南林

*《税收那些事儿》 谷成

*《汇率原理与人民币汇率读本》 姜波克

*《辉煌的中华法制文明》 张晋藩 陈煜

*《读懂刑事诉讼法》 陈光中

*《数说经济与社会》 袁卫 刘超

*《品味社会学》 郑杭生等

*《法律经济学趣谈》 史晋川

《知识产权通识读本》 吴汉东

《文化中国》 杨海文
*《中国优秀礼仪文化》 李荣建
*《中国管理智慧》 苏勇 刘会齐
*《社交网络时代的舆情管理》 喻国明 李彪
*《中国外交十难题》 王逸舟
*《中华优秀传统文化的核心理念》 张岂之
*《敦煌文化》 项楚 戴莹莹
*《秘境探古——西藏文物考古新发现之旅》 霍巍
《民族精神——文化的基因和民族的灵魂》 欧阳康
*《共和国文学的经典记忆》 张文东
*《中国传统政治文化讲录》 徐大同
*《诗意人生》 莫砺锋
《当代中国文化诊断》 俞吾金
*《汉字史画》 谢思全
*《"四大奇书"话题》 陈洪
*《生活中的生态文明》 张劲松
《什么是科学》 吴国盛
*《中国强——我们必须做的100件小事》 王会
*《我们的家园:环境美学谈》 陈望衡
《谈谈审美活动》 童庆炳
《快乐阅读》 沈德立
*《让学习伴随终身》 郝克明
《与青少年谈幸福成长》 韩震
*《教育与人生》 顾明远
*《师魂——教师大计师德为本》 林崇德
《现代终身教育理论与中国教育发展》 潘懋元
*《 我们离教育强国有多远》 袁振国
《通俗教育经济学》 范先佐
《任重道远:中国高等教育发展之路》 李元元

2013 年度

《中国国情读本》 胡鞍钢
*《法律解释学读本》 王利明 王叶刚
*《中国特色社会主义经济学读本》 顾海良
*《走向社会主义市场经济》 逄锦聚 何自力

*《中国特色政治发展道路》 梅荣政 孙金华
*《发展经济学通俗读本》 谭崇台 王爱君
*《“中国腾飞”探源》 洪远朋等
*《社会主义核心价值观的“内省”与“外化”》 黄进
《什么是马克思主义,怎样对待马克思主义——马克思主义观纵横谈》 高奇
《中国特色社会主义“五位一体”总布局研究》 郭建宁
*《国际社会保障全景图》 丛树海 郑春荣
《社会保障理论与政策解析》 郑功成
《从封建到现代——五百年西方政治形态变迁》 钱乘旦
《GDP 的科学性和实际价值在哪里》 赵彦云
《社会学通识教育读本》 李强
《传情和达意——语言怎样表达意义》 沈阳
《生活质量研究读本》 周长城
*《做幸福进取者》 黄希庭 尹天子
*《外国文学经典中的人生智慧》 刘建军
《什么样的教育能让人民满意》 石中英
《正说科举》 刘海峰

2014 年度

《“中国梦”的民族特点和世界意义》 孙利天
《“中国梦”与软实力》 骆郁廷
《走进世纪伟人毛泽东的哲学王国》 周向军
《社会主义核心价值观与我们的生活》 吴向东
*《中国反腐败新观察》 赵秉志 彭新林
《中国居民消费——阐释、现实、展望》 王裕国
*《从公司治理到国家治理》 李维安 徐建等
《“阿拉伯革命”的热点追踪》 朱威烈
*《中国制造全球布局》 刘元春 李楠 张咪
*《小康之后》 黄卫平 丁凯等
《中国人口老龄化与老龄问题》 杜鹏
*《中国区域经济新版图》 周立群等
《钓鱼岛归属真相——谎言揭秘(以证据链的图为主)》 刘江永
《走入诚信社会》 阎孟伟
*《美国霸权版“中国威胁”谰言的前世与今生》 陈安
《如何认识藏族及其文化》 石硕
*《中国故事的文化软实力》 王一川等

《文化遗产的古与今》 高策
*《课堂革命》 钟启泉
《大学的常识》 邬大光
《识字与写字》 王宁
*《舌尖上的安心》 乔洁等

2015 年度
*《我们为什么需要历史唯物主义》 郝立新 陈世珍
*《全面建成小康社会中的农民问题》 吴敏先等
《法治政府建设的基本原理与中国实践》 朱新力
《走向全面小康的民生幸福路》 韩喜平
《我们时代的精神生活》 庞立生
《习近平话语体系风格读本》 凌继尧
《为什么南海诸岛礁确实是我们的国土?》 傅崐成
《生活在“网络社会”》 陈昌凤
*《中国古代农业文明》 贺耀敏
《你不能不知道的刑法知识》 王世洲
*《中美关系:故事与启示》 倪世雄
《如何提高创新创业能力》 赖德胜
《身边的数据会说话》 丁迈
《中国与联合国》 张贵洪
*《中国特色的佛教文化》 洪修平
*《敦煌与丝绸之路文明》 郑炳林
《艺术与数学》 蔡天新
《走近档案》 冯惠玲
*《中华传统文明礼仪读本》 王小锡 姜晶花
《重建中国当代伦理文明与家教门风》 于丹
*《文化兴国的欧洲经验》 朱孝远
《中国人民伟大的抗日战争》 陈红民
*《心理学纵横谈》 彭聃龄 丁国盛
《教育振兴从校园体育开始》 王健
*《核心素养及其培育》 靳玉乐 张铭凯 郑鑫